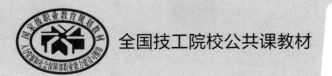
全国技工院校公共课教材

U0210462

专业数学

机械建筑类 （第3版）

曹晓蔚　马超 / 主编

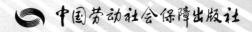
中国劳动社会保障出版社

图书在版编目（CIP）数据

专业数学：机械建筑类/曹晓蔚，马超主编. -- 3 版. -- 北京：中国劳动社会保障出版社，2022

ISBN 978-7-5167-5346-0

Ⅰ.①专… Ⅱ.①曹…②马… Ⅲ.①工程数学-技工学校-教材 Ⅳ.①TB11

中国版本图书馆 CIP 数据核字（2022）第 182632 号

中国劳动社会保障出版社出版发行

（北京市惠新东街 1 号　邮政编码：100029）

*

北京市白帆印务有限公司印刷装订　　新华书店经销

787 毫米×1092 毫米　16 开本　10.5 印张　246 千字
2022 年 10 月第 3 版　　2022 年 10 月第 1 次印刷
定价：20.00 元

营销中心电话：400-606-6496
出版社网址：http://www.class.com.cn
　　　　　　http://jg.class.com.cn

前　言

依据人力资源社会保障部办公厅印发的《技工院校公共基础课程方案》和《技工院校数学课程标准》，我们组织编写了《高等数学及应用》（第4版）、《专业数学（机械建筑类）》（第3版）、《专业数学（电工电子类）》（第3版）三种适用于技工院校高级班的教材。《高等数学及应用》（第4版）从培养实际应用能力的角度出发，介绍微积分基础知识；《专业数学（机械建筑类）》（第3版）、《专业数学（电工电子类）》（第3版）立足生产实际，分析职业需求，选取适用、实用的教学内容，重点介绍应用数学工具解决专业问题的方法。

按照《技工院校数学课程标准》的课程模块设计，本教材与技工院校中级班数学教材、《高等数学及应用》（第4版）保持承续关系。本教材对《专业数学（机械建筑类）》（第2版）内容做了适当调整，更全面、深入地介绍数学应用方法。本教材进一步突出密切联系专业的特色，更新并充实了各章节的例题，以反映相关工种在工艺技术、加工对象等方面的最新变化。

本教材由曹晓蔚、马超主编，王继武、吴瑕、梁齐宝、张艳莉参加编写，王志强担任审稿。

编者

目 录

第一章

代数与平面几何的应用

从加、减、乘、除，到乘方、开方，数及数的运算，结合相等关系、不等关系和一些几何知识，被广泛应用于解决现实生活、生产中的实际问题. 本章通过丰富多彩的实例解答来展示数及运算的重要性、工具性，增强同学们的运算能力、使用工具的能力以及数学知识的基本应用能力.

知识框图

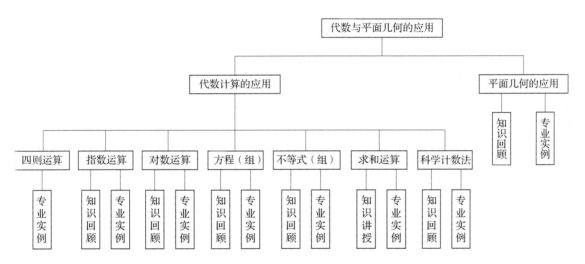

学习目标

1. 在中级阶段的基础上，巩固并掌握本章涉及的数学知识.

2. 熟练应用数及其计算、平面几何等数学知识，解决生活、生产中的实际问题，增强数学的应用能力.

3. 能熟练使用（手机）计算器，以实现使用计算工具解决数学运算的目的.

4. 在应用数学知识的过程中，体会"数形结合"思想，逐步建立并提高数学建模能力.

5. 在解决实际问题的过程中，增强识图、作图、信息处理、数据处理等综合能力.

实例引入

如图 1-1 所示，某种三角形的角接件外形为等腰直角三角形，它两个直角边的 5 个孔要根据安装的实际情况进行加工，相关数据见图中标注. 为了保证该角接件的强度，孔与

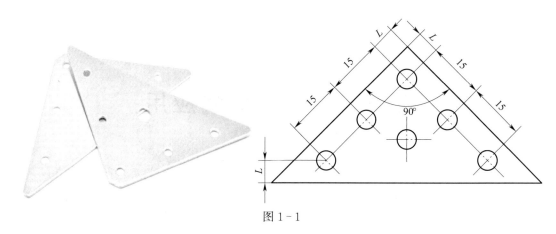

图 1-1

三角形三条边的边缘距离 L 最少取 5 mm. 如果为了保证角接件的可靠性，取 $L=6$ mm，那么三角形角接件三条边的边长应如何确定？

根据加工要求及工件尺寸（见图 1-1）可知，确定边长的关键是要求出直角边长，为此可做计算图 1-2. 因为角接件外形是等腰直角三角形，所以

$$\angle B=\angle OCA=45°,$$

则在 Rt$\triangle OAC$ 中，

$$AC=OA=L=6\ (\text{mm}).$$

在 Rt$\triangle CDB$ 中，

$$BD=CD=L=6\ (\text{mm}),$$

$$BC=\sqrt{BD^2+CD^2}=\sqrt{6^2+6^2}=6\sqrt{2}\ (\text{mm}).$$

因此，角接件的直角边长 $=L+15+15+AC+BC=6+15+15+6+6\sqrt{2}\approx50.485\ (\text{mm})$，则根据勾股定理即可求出斜边长 $=\sqrt{2\times50.485^2}\approx71.397\ (\text{mm})$.

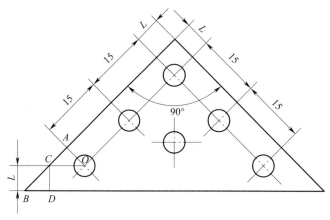

图 1-2

这是一个比较简单的专业实例，运用了直角三角形、圆、平移、对称等平面几何知识和数的运算及近似. 代数和平面几何是初等数学的重要内容，两者相结合，能很好地解决生产生活中的一些实际问题.

§1-1 代数计算的应用

代数计算在各学科中广泛应用，随着信息技术的发展，计算变得更加便捷了．在技工院校的专业课程中，应用最多的是加、减、乘、除运算，这是代数计算的基础．

一、四则运算的应用

例 1-1 如图 1-3 所示，在车床上车削工件时切削速度的计算公式如下：

$$v_c = \frac{\pi d n}{1\,000},$$

式中　v_c——切削速度（m/min）；

　　d——工件或刀具直径（一般取最大直径）（mm）；

　　n——主轴转速，即车床主轴每分钟转数（r/min）．$1 r = 2\pi$ rad.

（1）如果要切削直径为 40 mm 的轴，选用主轴转速为 560 r/min，求切削速度；

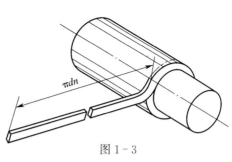

图 1-3

（2）如果用相同的切削速度车削直径为 15 mm 的轴，求主轴转速.

◎ **专业知识链接**

切削速度可理解为：1 min 内，车刀在工件表面切削所走的路程.

解题思路

在车床上加工工件时，需要调整车床的主轴转速 n，所以必须根据已选定的切削速度 v_c 和工件直径 d 求出主轴转速 n，即 $n = \dfrac{1\,000 v_c}{\pi d}$.

解：（1）因为

$$v_c = \frac{\pi d n}{1\,000},$$

所以

$$v_c = \frac{3.14 \times 40 \times 560}{1\,000} = 70.336 \text{（m/min）}.$$

（2）因为

$$v_c = \frac{\pi d n}{1\,000},$$

所以

$$n = \frac{1\,000 v_c}{\pi d},$$

则

$$n = \frac{1\,000 \times 70.336}{3.14 \times 15} \approx 1\,493 \text{（r/min）}.$$

> • **提示**
> 这里 $\pi d n$ 表示 1 min 内车刀在工件表面切削的以毫米计的路程．公式中为了计数方便，将单位转化为米．

例 1-2 用白铁皮剪制一扇形孔，如图 1-4 所示．要求扇形孔面积 $S=6\,450$ cm²，弧长 $l=150$ cm，问圆心角 α 应剪成多少度（精确到 1°）？

解题思路

已知扇形孔的面积和弧长，首先根据扇形面积公式 $S=\dfrac{1}{2}lR$ 求出扇形所在圆的半径，再利用圆弧长公式 $l=R\alpha$ 计算角度（注意 α 的单位必须采用弧度制）．

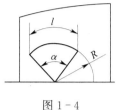

图 1-4

解： 因为

$$S=6\,450，l=150，$$

所以代入公式 $S=\dfrac{1}{2}lR$ 得

$$R=\frac{2S}{l}=\frac{2\times6\,450}{150}=86\ (\text{cm})．$$

由弧长公式可得

$$\alpha=\frac{l}{R}=\frac{150}{86}\approx1.744(\text{rad})\approx100°，$$

即圆心角应剪成 100°．

• 提示
1 rad≈57.3°
1°=60′
1′=60″

例 1-3 若某型号的电动机转子直径是 10 cm，其转速为 1 450 r/min，求：（1）转子每秒钟转过的角度；（2）转子每秒钟转过的弧长（精确到 0.01 cm）；（3）转子转过一周需要的时间（精确到 0.01 s）．

解题思路

题中数据 1 450 r/min 是指转子 1 分钟转了 1 450 圈，由此可知转子每秒钟转了 $\dfrac{1\,450}{60}$ 圈，再分别乘以一圈转过的角度、周长计算即可．

解：（1）转子每秒钟转过的角度＝转子每秒钟转过的圈数×360°

$$=\frac{1\,450}{60}\times360°=8\,700°．$$

（2）因为电动机转子直径是 10 cm，所以转子转一圈的周长是 10π cm，则有

转子每秒钟转过的弧长＝转子每秒钟转过的圈数×10π

$$=\frac{1\,450}{60}\times10\pi\approx759.22\ (\text{cm})．$$

（3）因为转子 1 分钟转 1 450 圈，则有

$$\text{转子旋转一周的时间}=\frac{60}{1\,450}\approx0.04\ (\text{s})．$$

例 1-4 某国内新能源汽车生产厂家 2020 年新能源汽车年销量为 19 万辆，2021 年新能源汽车销量为 60.4 万辆，求：（1）该厂 2020 年和 2021 年新能源汽车销量之比；（2）2021 年的新能源汽车的销量较 2020 年增加的百分比是多少（精确到 0.01%）？

解题思路

数量比就是两个数做除法，结果以比的形式表示出来；增加的百分比按照 $\dfrac{2021\text{年销量}-2020\text{年销量}}{2020\text{年销量}}\times100\%$ 计算即可．

解：（1）因为 2020 年和 2021 年新能源汽车销量分别是 19 万辆和 60.4 万辆，所以

$$\frac{19}{60.4}=95:302.$$

（2）
$$增加百分比=\frac{2021年销量-2020年销量}{2020年销量}\times100\%$$

$$=\frac{60.4-19}{19}\times100\%$$

$$\approx217.89\%.$$

例 1-5 A、B 两种设备在全部生命周期内出现的故障及维修状况见下表，求这两种设备的平均无故障时间和平均修复时间，并根据你的计算结果初步判断这两种设备哪个可靠性更高.

单位：h

种类	第一次故障		第二次故障		第三次故障		第四次故障		第五次故障	
	运行时间	修复时间	运行时间	修复时间	运行时间	修复时间	运行时间	修复时间	运行时间	修复时间
A	13 570	55	14 569	48	25 587	122	5 630	35	4 412	23
B	11 235	80	15 862	300	25 654	600	400	12	3 565	22

◎**专业知识链接**

平均无故障时间，英文全称是"Mean Time Between Failure"，简称 MTBF，是衡量一个产品的可靠性指标，单位为"小时". 它反映了设备的时间质量，是体现设备在规定时间内保持功能的一种能力. 具体来说，是指相邻两次故障之间的平均工作时间，也称为平均故障间隔. 它仅适用于可维修的设备.

平均修复时间，英文全称是"Mean Time To Repair"，简称 MTTR，是描述设备由故障状态转为工作状态时修理时间的平均值.

解题思路

本题考查的是平均数及其计算，一组数的平均数是指这组数据中所有数据之和与数据个数的商.

解：由表中数据计算可得

$$MTBF_A=\frac{13\ 570+14\ 569+25\ 587+5\ 630+4\ 412}{5}=12\ 753.6\ (h),$$

$$MTTR_A=\frac{55+48+122+35+23}{5}=56.6\ (h).$$

又有

$$MTBF_B=\frac{11\ 235+15\ 862+25\ 654+400+3\ 565}{5}=11\ 343.2\ (h),$$

$$MTTR_B=\frac{80+300+600+12+22}{5}=202.8\ (h).$$

所以 A 设备可靠性更高.

在机械加工中，除了四则运算，还会碰到一些比较烦琐的计算，如指数、对数的运算，解方程（组），解不等式（组）以及复杂的求和计算等，并且对一些数要求有相应的表示方法.

二、指数运算的应用

指数运算在实际生产、生活中应用比较广泛. 先让我们来复习一下指数的概念及运算法则.

1. 概念和运算法则

概念	正整数指数幂	对于任何正整数 n，$a^n = \underbrace{a \cdot a \cdot a \cdot \cdots \cdot a}_{n\text{个}}$ $(a \in \mathbf{R})$，a^n 称为幂，a 叫作幂底数，n 叫作幂指数
	零指数幂	$a^0 = 1$ $(a \neq 0)$
	负整数指数幂	$a^{-n} = \dfrac{1}{a^n}$ $(a \neq 0,\ n \in \mathbf{N_+})$
	正分数指数幂	$a^{\frac{m}{n}} = \sqrt[n]{a^m}$ $(m,\ n \in \mathbf{N_+},\ a > 0,\ n > 1)$
	负分数指数幂	$a^{-\frac{m}{n}} = \dfrac{1}{\sqrt[n]{a^m}}$ $(m,\ n \in \mathbf{N_+},\ a > 0,\ n > 1)$
运算法则	乘法	$a^m \cdot a^n = a^{m+n}$ $(m,\ n \in \mathbf{R},\ a > 0)$
	除法	$\dfrac{a^m}{a^n} = a^{m-n}$ $(m,\ n \in \mathbf{R},\ a > 0)$
	幂	$(a^m)^n = a^{m \cdot n}$ $(m,\ n \in \mathbf{R},\ a > 0)$
		$(ab)^n = a^n b^n$ $(n \in \mathbf{R},\ a > 0,\ b > 0)$
		$\left(\dfrac{a}{b}\right)^n = \dfrac{a^n}{b^n}$ $(n \in \mathbf{R},\ a > 0,\ b > 0)$

2. 指数应用

借助计算器，x^y 型指数运算非常简便. 计算过程为：

$$\text{底数}\ \boxed{x^y}\ \text{指数}\ \boxed{=}\ ,$$

此时显示屏上的数据即为所求结果.

例 1-6 利用计算器求值：

（1）$(0.3)^5$；（2）$(3.9)^{-3}$.

解：（1）在 $(0.3)^5$ 中，0.3 为底数，5 为指数，所以

$$0.3\ \boxed{x^y}\ 5\ \boxed{=}\ ,$$

结果显示：0.002 43.

（2）按如下顺序计算

$$3.9\ \boxed{x^y}\ \boxed{+/-}\ 3\ \boxed{=}\ ,$$

结果显示：0.016 858 005 02.

> **• 提示**
> 计算器的操作因型号不同而不同. 随着手机的普及，可利用手机自带的科学版计算器或下载科学版计算器完成各种运算，虽然手机品牌不同，但操作过程大同小异. 本节例题展示的是某种品牌手机自带计算器的运算过程.

除了 x^y 型指数计算，对于 $\dfrac{1}{x}$，10^x，e^x，x^2，$\sqrt{x}$，$\sqrt[n]{x}$ 等运算，计算器也有专门的计算方法.

例 1-7 利用计算器计算求值：

(1) $\dfrac{1}{5}$；　　(2) $10^{-0.3}$；　　(3) $e^{-0.6}$；　　(4) $(-1.39)^2$；

(5) $\sqrt{49}$；　　(6) $\sqrt[3]{729}$；　　(7) $\sqrt[6]{259}$；　　(8) $\sqrt[5]{-12}$.

解： 利用计算器计算如下：

题 号	按 键 顺 序	结　　果
(1)	5 $\boxed{1/x}$	0.2
(2)	$\boxed{(}$ $\boxed{-}$ 0.3 $\boxed{)}$ $\boxed{10^x}$	0.501 187 233 6
(3)	$\boxed{(}$ $\boxed{-}$ 0.6 $\boxed{)}$ $\boxed{e^x}$	0.548 811 636 1
(4)	$\boxed{(}$ $\boxed{-}$ 1.39 $\boxed{)}$ $\boxed{x^2}$ $\boxed{=}$	1.932 1
(5)	49 $\boxed{\sqrt[2]{x}}$	7
(6)	729 $\boxed{\sqrt[n]{x}}$ 3 $\boxed{=}$	9
(7)	259 $\boxed{\sqrt[n]{x}}$ 6 $\boxed{=}$	2.524 739 806 0
(8)	$\boxed{-}$ 12 $\boxed{\sqrt[n]{x}}$ 5 $\boxed{=}$	−1.643 751 829 5

例 1-8 计算群钻在钻钢件时轴向力 F 的经验公式为 $F = 1\,186.7 v_c^{-0.44} d^{1.1} f^{0.57}$（N），如果钻头直径 $d=20.00$ mm，进给量 $f=0.320\,0$ mm/r，切削速度 $v_c=25.00$ m/min，求轴向力 F（保留 4 位有效数字）.

◎**专业知识链接**

　　群钻是用标准麻花钻经过合理修磨而成的先进钻型，它的外形特点是"三尖七刃"（见图 1-5）. 群钻的横刃比标准麻花钻的短 80%～90%，并形成两条内刃，内刃前角为 −10°～0°，从而使轴向阻力比标准麻花钻减小 50% 左右.

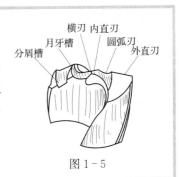

图 1-5

解题思路

　　本题只需将已知的各项参数代入经验公式中，利用计算器计算即可. 当计算器运用不够熟练时，可以先分别求得 $25^{-0.44}$，$20^{1.1}$，$0.32^{0.57}$ 的值，记录下来，再进行乘法运算.

解：把已知参数代入经验公式得

$$F = 1\ 186.7 \times 25^{-0.44} \times 20^{1.1} \times 0.32^{0.57}.$$

先用计算器求得 $25^{-0.44}$、$20^{1.1}$、$0.32^{0.57}$ 的值.

原式	计算过程	结果
$25^{-0.44}$	25 $\boxed{x^y}$ $\boxed{+/-}$ 0.44 $\boxed{=}$	0.242 61
$20^{1.1}$	20 $\boxed{x^y}$ 1.1 $\boxed{=}$	26.986
$0.32^{0.57}$	0.32 $\boxed{x^y}$ 0.57 $\boxed{=}$	0.522 32

• **思考**
如何用计算器直接计算全式？

• **提示**
一般地，如果要求最终结果保留 n 位有效数字，那么中间结果所保留的有效数字位数应等于或大于 $n+1$.

因此

$$\begin{aligned}
F &= 1\ 186.7 \times 25^{-0.44} \times 20^{1.1} \times 0.32^{0.57} \\
&\approx 1\ 186.7 \times 0.242\ 61 \times 26.986 \times 0.522\ 32 \\
&\approx 4\ 058\ \text{N}.
\end{aligned}$$

例 1-9 如图 1-6 所示，在计算切削力的实验中，已知用测力仪测得 $F_c = 3\ 600$ N，$F_f = 1\ 080$ N，$F_p = 1\ 800$ N，求总的切削力 F（提示：总切削力的计算公式为 $F = \sqrt{F_c^2 + F_f^2 + F_p^2}$）.

解：因为 $F_c = 3\ 600$ N，$F_f = 1\ 080$ N，$F_p = 1\ 800$ N，所以带入计算公式得

$$\begin{aligned}
F &= \sqrt{F_c^2 + F_f^2 + F_p^2} \\
&= \sqrt{3\ 600^2 + 1\ 080^2 + 1\ 800^2} \\
&\approx 4\ 167.30\ (\text{N}).
\end{aligned}$$

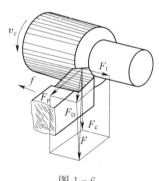

图 1-6

例 1-10 某建筑企业销售部近 10 年来销售额均以 30% 的速度增长，到 2021 年销售额已达到了 5 000 万元，假设销售额的增长速度一直保持不变，那么（1）5 年后该销售部的销售额是多少？（2）你能否推算出该销售部五年前的销售额（精确到 0.01 万元）？

解题思路

2021 年销售额为 5 000 万元，则第一年后销售额为 $5\ 000 + 5\ 000 \times 30\% = 5\ 000\ (1 + 30\%)$，紧接着下一年的销售额为 $5\ 000\ (1 + 30\%) + 5\ 000\ (1 + 30\%) \times 30\% = 5\ 000\ (1 + 30\%)^2$. 以此类推，5 年后的销售额为 $5\ 000\ (1 + 30\%)^5$，进行指数运算即可.

解：（1）由分析可知 5 年后的销售额为

$$5\ 000\ (1 + 30\%)^5 = 18\ 564.65\ (\text{万元}).$$

（2）若 5 年前的销售额为 a 万元，由题意可得

$$a(1 + 30\%)^5 = 5\ 000,$$

$$a = \frac{5\ 000}{1.3^5} \approx 1\ 346.65\ (\text{万元}).$$

三、对数运算的应用

1. 对数的相关知识

首先回顾对数的有关知识，见下表.

对 数	如果 $a^b = N$ （$a > 0$，$a \neq 1$），那么数 b 叫作以 a 为底的 N 的对数，记作 $\log_a N = b$，其中 a 称为底数（简称底），N 称为真数
常用对数	以 10 为底的对数称为常用对数，用 $\lg N$ 表示
自然对数	以无理数 $e = 2.718\,28\cdots$ 为底的对数称为自然对数，用 $\ln N$ 表示

基 本 性 质	法 则
(1) $N > 0$（零和负数没有对数） (2) $\log_a a = 1$（底的对数等于 1） (3) $\log_a 1 = 0$（1 的对数等于 0） (4) $a^{\log_a N} = N$（对数恒等式）	若 $a > 0$ 且 $a \neq 1$，$M > 0$，$N > 0$，则： (1) $\log_a (MN) = \log_a M + \log_a N$ (2) $\log_a \dfrac{M}{N} = \log_a M - \log_a N$ (3) $\log_a M^p = p \log_a M$（$p \in \mathbf{R}$）

换底公式	$\log_a N = \dfrac{\log_b N}{\log_b a} = \begin{cases} \dfrac{\lg N}{\lg a}, & b = 10 \text{ 时} \\[2mm] \dfrac{\ln N}{\ln a}, & b = e \text{ 时} \end{cases}$ （$b > 0$ 且 $b \neq 1$；$a > 0$ 且 $a \neq 1$）

2. 对数应用

例 1 – 11 利用计算器求值：

(1) $\lg 3$；　　　(2) $\ln 5$；　　　(3) $\log_2 7$.

解：(1) $\lg 3$ 为常用对数，可直接利用计算器上的 $\boxed{\log}$ 功能键计算. 计算顺序为

$$\boxed{\log}\;\boxed{3}\;\boxed{=},$$

结果显示：0.477 121 254 7.

(2) $\ln 5$ 为自然对数，可直接利用计算器上的 $\boxed{\ln}$ 功能键计算. 计算顺序为

$$\boxed{\ln}\;\boxed{5}\;\boxed{=},$$

结果显示：1.609 437 912 4.

(3) 计算器上只能直接计算常用对数和自然对数，所以本题要先利用换底公式，换成常用对数后再计算.

因为

$$\log_2 7 = \frac{\lg 7}{\lg 2},$$

> **• 思考**
> 能否利用自然对数进行计算？试对比结果.

所以利用计算器计算如下

$$\boxed{(}\;\boxed{\log}\;\boxed{7}\;\boxed{)}\;\boxed{\div}\;\boxed{\log}\;\boxed{2}\;\boxed{=},$$

结果显示：2.807 354 922 1.

例 1 – 12 万能外圆磨床转速挡数 z 的计算公式为 $1.58^{z-1} = 10$，试求其转速挡数 z.

解题思路

在公式 $1.58^{z-1} = 10$ 中，转速挡数 z 处于指数位置，因此可以通过对数运算解决此题. 为了能够使用计算器或对数表，公式 $1.58^{z-1} = 10$ 应化为常用对数或自然对数的表达式.

解：因为

$$1.58^{z-1} = 10,$$

所以两边取常用对数

$$\lg 1.58^{z-1} = \lg 10,$$

利用对数法则（3）及基本性质（2）得

$$(z-1)\lg 1.58 = 1,$$

所以

$$z = \frac{1}{\lg 1.58} + 1 \approx 6.$$

例 1-13 计算 $(1+x)^{12} = 5.9$ 中的 x 值.

解：因为

$$(1+x)^{12} = 5.9,$$

所以两边取常用对数得

$$12\lg(1+x) = \lg 5.9,$$

即

$$\lg(1+x) = \frac{\lg 5.9}{12} \approx 0.064\,23.$$

利用计算器计算得

$$1+x \approx 1.159\,4.$$

所以

$$x = 0.159\,4.$$

3. 指数式与对数式的相互转换及应用

由对数定义可得：当 $a>0$ 且 $a \neq 1$ 时，$a^b = N \Leftrightarrow \log_a N = b$，即 $a^b = N$ 与 $\log_a N = b$ 是可以互相转换的.

例 1-14 把下列指数式改写成对数式，将对数式改写成指数式.

（1）$3^5 = 243$；　　（2）$2^{-6} = \dfrac{1}{64}$；　　（3）$4^b = 8$；

（4）$\log_{\frac{1}{2}} 16 = -4$；　（5）$\log_9 N = -3$；　（6）$\lg 0.01 = -2$；

（7）$\log_6 1 = 0$；　　（8）$\ln e = 1$.

> **• 提示**
>
> $a^b = N$（$a>0$ 且 $a \neq 1$）为指数式，$\log_a N = b$（$a>0$ 且 $a \neq 1$）为对数式.

解：（1）$\log_3 243 = 5$；　　（2）$\log_2 \dfrac{1}{64} = -6$；

（3）$\log_4 8 = b$；　　　（4）$\left(\dfrac{1}{2}\right)^{-4} = 16$；

（5）$9^{-3} = N$；　　　　（6）$10^{-2} = 0.01$；

（7）$6^0 = 1$；　　　　　（8）$e^1 = e$.

例 1-15 某公司去年的年产值为 6 000 万元，计划从今年起平均每年的年产值比上一年提高 9%，问约经过多少年该公司的年产值能达到 9 000 万元？

解题思路

设经过 x 年该公司年产值可达 9 000 万元，则由题意可得 6 000$(1+9\%)^x = 9\,000$，即 $1.09^x = \dfrac{3}{2}$. 显然 $1.09^x = \dfrac{3}{2}$ 是一个指数式，我们可以把它转化为对数式，再利用对数运算求出 x.

解：设经过 x 年该公司年产值可达 9 000 万元，即

$$6\,000(1+9\%)^x = 9\,000,$$

上式可化为

> **• 思考**
>
> 对于例 1-12，请同学们再试用例 1-15 的方法解决，并对比结果.

$$1.09^x = \frac{3}{2}.$$

所以利用对数式与指数式的转化得

$$x = \log_{1.09} \frac{3}{2}.$$

再利用对数换底公式及计算器得

$$x = \frac{\lg \frac{3}{2}}{\lg 1.09} \approx 4.705.$$

所以约经过 5 年公司年产值能达到 9 000 万元.

四、方程（组）的应用

解方程（组）是专业课中常用到的代数计算. 这部分内容以掌握解一元二次方程的"公式法"和解二元一次方程组、二元二次方程组的"代入消元法"为主.

1. 一元二次方程及其解法

一元二次方程	含有一个未知量并且未知量的最高次是二次的整式方程
方程形式	$ax^2 + bx + c = 0 (a \neq 0, a, b, c \in \mathbf{R})$
求解公式	判别式 $\Delta = b^2 - 4ac > 0$ 时，$x = \frac{-b \pm \sqrt{b^2 - 4ac}}{2a}$
	判别式 $\Delta = b^2 - 4ac = 0$ 时，$x_1 = x_2 = -\frac{b}{2a}$
	判别式 $\Delta = b^2 - 4ac < 0$ 时，方程无实数根，有共轭虚数根

2. 二元方程（组）及其解法

二元一次方程	含有两个未知量并且未知量的最高次是一次的整式方程. 任何一个二元一次方程有无数组解，它在平面直角坐标系中的图像是一条直线，例如下图所示 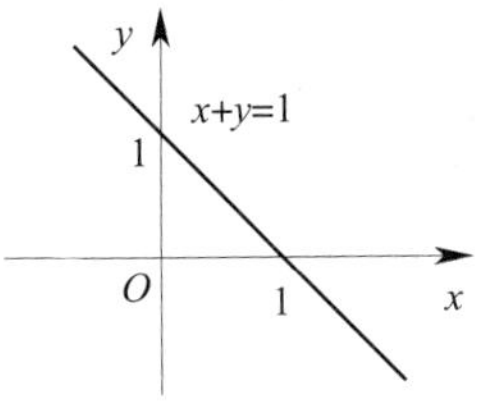
二元一次方程组	含有两个相同未知量的两个及以上二元一次方程的组合. 由两个二元一次方程组成的二元一次方程要么只有一组解，要么无解，要么有无数组解
解法	最基本的解法是代入消元法
二元二次方程	含有两个未知量并且未知量的最高次是二次的整式方程
二元二次方程组	由含有两个相同未知量的二元方程组成，且其中至少有一个二元二次方程的方程组
常用形式	$\begin{cases} 二元一次方程, \\ 二元二次方程 \end{cases}$ 或 $\begin{cases} 二元二次方程, \\ 二元二次方程 \end{cases}$
解法	最基本的解法是代入消元法

• 思考

由两个方程组成的二元一次方程组的解，是这两个方程所表示直线的交点. 由此，你能否知道由两个方程组成的二元一次方程组何时无解？

下面通过例题说明方程（组）的解法，请同学们多体会，以便能较好地解方程及方程组，为处理实际问题打好基础.

例 1-16 解下列方程：

(1) $3x^2 - 5x - 2 = 0$ ；　　　(2) $x^2 + 8x + 9 = 0$ ．

解：(1) 由方程得

$$a = 3，b = -5，c = -2．$$

代入求根公式得：

$$x = \frac{-(-5) \pm \sqrt{(-5)^2 - 4 \times 3 \times (-2)}}{2 \times 3}$$

$$= \frac{5 \pm \sqrt{49}}{6}$$

$$= \frac{5 \pm 7}{6}，$$

即

$$x = 2 \text{ 或 } x = -\frac{1}{3}．$$

（2）由方程得

$$a = 1，b = 8，c = 9．$$

代入求根公式得：

$$x = \frac{-8 \pm \sqrt{8^2 - 4 \times 1 \times 9}}{2 \times 1}$$

$$= -4 \pm \sqrt{7}，$$

即

$$x = -4 + \sqrt{7} \text{ 或 } x = -4 - \sqrt{7}．$$

> • **提示**
>
> 解决实际问题的过程中，若一元二次方程有两个解，则应检验这两个解的实际意义. 含去不符合实际情况的解.

例 1-17 解下列方程组：

(1) $\begin{cases} 2x + 5y = 25， \\ 4x + 3y = 15； \end{cases}$　　(2) $\begin{cases} x^2 + y^2 = 16， \\ (x-1)^2 + (y+1)^2 = 8． \end{cases}$

解：(1)

$$\begin{cases} 2x + 5y = 25， & ① \\ 4x + 3y = 15． & ② \end{cases}$$

由①得

$$x = \frac{25 - 5y}{2}，\qquad ③$$

把③代入②得

$$4 \times \frac{25 - 5y}{2} + 3y = 15，$$

即

$$7y = 35．$$

所以

$$y = 5．$$

将 $y = 5$ 代入③得

$$x = 0,$$

即

$$\begin{cases} x = 0, \\ y = 5. \end{cases}$$

（2）

$$\begin{cases} x^2 + y^2 = 16, & ① \\ (x-1)^2 + (y+1)^2 = 8. & ② \end{cases}$$

由②得

$$x^2 + y^2 - 2x + 2y - 6 = 0, \qquad\qquad ③$$

把①代入③得

$$y = x - 5, \qquad\qquad ④$$

把④代入①得

$$2x^2 - 10x + 9 = 0.$$

所以

$$x = \frac{10 \pm \sqrt{(-10)^2 - 4 \times 2 \times 9}}{2 \times 2},$$

即

$$x = \frac{5 + \sqrt{7}}{2} \ 或 \ x = \frac{5 - \sqrt{7}}{2}.$$

代入④得

$$y = \frac{-5 + \sqrt{7}}{2} \ 或 \ y = \frac{-5 - \sqrt{7}}{2},$$

即

$$\begin{cases} x = \dfrac{5 + \sqrt{7}}{2}, \\ y = \dfrac{-5 + \sqrt{7}}{2}, \end{cases} 或 \begin{cases} x = \dfrac{5 - \sqrt{7}}{2}, \\ y = \dfrac{-5 - \sqrt{7}}{2}. \end{cases}$$

3. 方程（组）的应用

例 1-18 有一单线螺纹传动机构的螺距为 6 mm，欲使螺母移动 0.24 mm，则螺杆应该转多少度？

解题思路

因为螺杆转一圈 360°，螺母移动 6 mm，所以可设螺杆应转过的角度为 x 度，则有 $\dfrac{6}{360°} = \dfrac{0.24}{x}$，通过计算即可求得 x 值.

解： 设螺杆应转过的角度为 x，则

$$\frac{6}{360°} = \frac{0.24}{x},$$

所以

$$x = 14.4°,$$

即螺杆应转过的角度为 14.4°.

例 1-19 某车间有车工 85 人，平均每人每天可生产大齿轮 16 个或小齿轮 10 个. 如果

在装配中要求每两个大齿轮和三个小齿轮配套,那么作为管理人员,你应如何安排工人生产,可使每天生产的大齿轮和小齿轮刚好配套?

解题思路

设安排 x 人生产大齿轮,则有 $(85-x)$ 人生产小齿轮,所以每天生产 $16x$ 个大齿轮,生产 $10(85-x)$ 个小齿轮. 又因为两个大齿轮配三个小齿轮,那么就有 $2:3=16x:10(85-x)$,解此方程就可知道如何安排工人生产.

解: 设 x 人生产大齿轮,则有 $(85-x)$ 人生产小齿轮,由已知条件得

$$2:3=16x:10(85-x),$$
$$3\times16x=2\times10(85-x),$$

解得

$$x=25,$$
$$85-25=60.$$

即安排 25 人生产大齿轮,60 人生产小齿轮,可使每天生产的大齿轮和小齿轮刚好配套.

例 1 - 20 变压器中的硅钢片在设计时要求方框面积一定,如图 1-7 所示. 今有长 30 cm、宽 20 cm 的硅钢片被冲制成面积为 456 cm² 的方框形,求方框的边宽 x.

解题思路

观察图 1-7 可知,方框形硅钢片的面积应该等于图中大矩形面积减去小矩形面积,由此列关于 x 的等式,解之即可求得 x.

解: 由图形及图中数据可得

$$30\times20-(30-2x)(20-2x)=456 \quad (0<x<10),$$
$$x^2-25x+114=0,$$

所以

$$x=\frac{25\pm\sqrt{25^2-4\times1\times114}}{2\times1}=\frac{25\pm13}{2},$$

解得

$$x=19 \text{ 或 } x=6.$$

结合实际情况,19 cm 不符合要求,故方框的边宽取 6 cm.

例 1 - 21 如图 1-8 所示,一标准直齿圆柱齿轮副的主动轮转速 $n_1=1\,280$ r/min,从动轮转速 $n_2=320$ r/min,已知中心距 $a=315$ mm,模数 $m=6$ mm,试求两齿轮齿数 z_1 和 z_2.

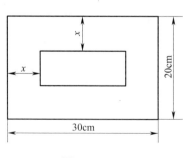

图 1-7

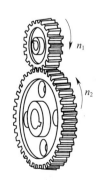

图 1-8

传动比：主动齿轮与从动齿轮角速度（或转速）的比值，也等于从动齿轮齿数与主动齿轮齿数之比．中心距公式：$a = \dfrac{1}{2}m(z_1 + z_2)$．模数：齿轮分度圆直径与齿数的比值，是模数制齿轮的基本参数．

解题思路

本题是求 z_1 和 z_2 两个量．求解类似的问题一般有两种思路：一种是先求其中一个量，再利用其结果求得另一个量；另一种是直接列方程组求解．本题由于各量之间的关系已经由相关定义和公式直接给出，因此列方程组解更简便．

解：由传动比定义，有 $\dfrac{n_1}{n_2} = \dfrac{z_2}{z_1}$，又因为中心距计算公式为

$$a = \frac{1}{2}m(z_1 + z_2)，$$

所以得

$$\begin{cases} \dfrac{z_2}{z_1} = \dfrac{1\ 280}{320} = 4, \\ 315 = \dfrac{1}{2} \times 6(z_1 + z_2), \end{cases}$$

即

$$\begin{cases} z_2 = 4z_1, & ① \\ z_1 + z_2 = 105. & ② \end{cases}$$

把①代入②得

$$z_1 + 4z_1 = 105，$$

所以

$$z_1 = 21，$$
$$z_2 = 84．$$

例 1-22 手工编制数控程序时，需知圆心坐标为（11，−15）、半径为 10 的圆与圆心坐标为（26，5）、半径为 15 的圆的切点坐标，试计算求之．

手工编程是指编制零件数控加工程序的过程，包括零件图样分析、工艺处理、数学处理、编写程序清单等，均由人工来完成．手工编程适用于点位加工或几何形状不太复杂的轮廓加工．对于轮廓形状不是由简单的直线、圆弧组成的复杂零件，特别是复杂曲面零件，数值计算很困难，这时就需要采用 CAD 或 CAM 软件进行自动编程．

解题思路

因为任何一个圆的标准方程都是二元二次方程，所以求两个圆的切点就相当于求一个二元二次方程组的解．就本题而言，通过已知条件，可以得到两个圆的标准方程（见图 1-9），从而建立方程组．

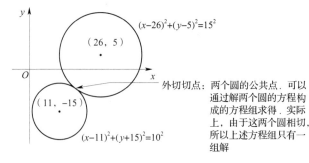

外切切点：两个圆的公共点，可以通过解两个圆的方程构成的方程组求得。实际上，由于这两个圆相切，所以上述方程组只有一组解

图 1-9

解：将两个圆的标准方程联立为方程组

$$\begin{cases} (x-11)^2+(y+15)^2=10^2, & ① \\ (x-26)^2+(y-5)^2=15^2, & ② \end{cases}$$

展开①得

$$x^2-22x+121+y^2+30y+225=100,$$

即

$$x^2+y^2=22x-30y-246. \qquad ③$$

展开②得

$$x^2-52x+676+y^2-10y+25=225,$$

即

$$x^2+y^2=52x+10y-476. \qquad ④$$

由③和④得

$$22x-30y-246=52x+10y-476,$$

即

$$y=-\frac{3x}{4}+\frac{23}{4}. \qquad ⑤$$

把⑤代入②得

$$(x-26)^2+\left(-\frac{3x}{4}+\frac{23}{4}-5\right)^2=225,$$

整理得

$$x^2-34x+289=0,$$

解得

$$x=17,$$

代入⑤得

$$y=-7,$$

即

$$\begin{cases} x=17, \\ y=-7. \end{cases}$$

所以两圆的切点坐标为（17，-7）．

> • **提示**
> 圆心坐标为（a，b）、半径为 r 的圆的标准方程是 $(x-a)^2+(y-b)^2=r^2$．

> • **思考**
> 利用平面几何知识可以证明：若圆 O_1，O_2 外切，切点为 P，则 O_1，O_2，P 共线．点 P 将线段 O_1O_2 分为两段，各段长度分别为两圆的半径．通过这个结论，你能否找到另一种方法解决本题？

五、不等式（组）的应用

在生活、生产的许多问题中存在着不等关系，用不等式来处理这样的关系能为解决实际问题带来方便.

1. 不等式的性质及解法

不等式的基本性质	若 $a>b$，则 $a\pm c>b\pm c$
	若 $a>b$，$c>0$，则 $ac>bc$
	若 $a>b$，$c<0$，则 $ac<bc$
一元一次不等式	含有一个未知量且未知量的最高次数是一次的不等式
解法	去括号（去分母），移项，合并同类项，将未知系数化为1
一元一次不等式组	几个含有相同未知量的一元一次不等式的组合
解法	找几个不等式解的公共解

2. 不等式（组）的应用

例 1 - 23 某数控加工车间有 20 名工人，每人每天能加工 A 种零件 5 个或 B 种零件 4 个，已知每加工一个 A 种零件可获利 16 元，每加工一个 B 种零件可获利 24 元，问若使车间每天利润不低于 1 800 元，应该至少安排多少工人生产 B 种零件？

解题思路

假如该车间安排 x 名工人生产 B 种工件，那么生产 A 种工件的工人是 $(20-x)$ 名. 在每人每天能加工 A 种工件 5 个、B 种工件 4 个的前提条件下，车间一天的利润是 $16\times5\times(20-x)+24\times4x$ 元. 若要使车间利润每天不低于 1 800 元，也就能列出不等式 $16\times5\times(20-x)+24\times4x\geqslant1\,800$，解之即可得安排工人生产的方案.

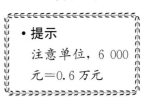

• **思考**

在前提条件不变的情况下，若问至多安排多少工人生产 A 类工件，你能独立完成吗？

解： 设该数控加工车间安排 x 人生产 B 种工件，那么生产 A 种工件的是 $(20-x)$ 人，由题目条件得不等式

$$16\times5\times(20-x)+24\times4x\geqslant1\,800,$$
$$1\,600-80x+96x\geqslant1\,800,$$
$$16x\geqslant200,$$
$$x\geqslant12.5.$$

因为 x 只能取正整数，所以 x 的最小值为 13，即至少要安排 13 名工人生产 B 种工件才能达到车间利润每天不低于 1 800 元的目标.

例 1 - 24 某工厂去年有员工 360 人，由于科技创新，今年经过结构改革裁员 50 人，全厂年利润增加了 100 万元，人均创收至少增加 6 000 元. 问去年全厂利润至少为多少万元？

解题思路

根据题意，我们找到实际问题：今年该厂的人均创收比去年的人均创收至少增加了 6 000 元，即得到了此题的不等关系：今年的人均创收－去年的人均创收 $\geqslant6\,000$. 设去年全厂利润至少为 x 万元，则去年人均创利至少是 $\dfrac{x}{360}$ 万元；今年人均创利是 $\dfrac{x+100}{360-50}$ 万元，则列出不等式为 $\dfrac{x+100}{360-50}-\dfrac{x}{360}\geqslant0.6$.

解： 设去年全厂利润至少为 x 万元，结合题意列不等式

$$\frac{x+100}{360-50}-\frac{x}{360}\geqslant0.6,$$

• **提示**

注意单位，6 000 元=0.6 万元

得
$$x \geqslant 619.2,$$
所以去年全厂利润至少是 619.2 万元.

例 1 - 25 某企业生产车间在上个生产时段 8 天中共制造某零件 94 800 件, 由于改进了生产技术, 提高了生产效率, 估计本次生产时段 8 天的总产量比上一个生产时段增长 2%～4%（包括 2% 和 4%）, 那么本次生产时段的零件平均日产量将会在什么范围内？

解：设本次生产时段的零件平均日产量为 x 件, 则本次生产时段的零件总产量为 $8x$ 件. 因为本次生产时段的零件总产量比上时段增长 2%～4%（包括 2% 和 4%）, 所以总产量比上个生产时段最少增长 2%, 有不等式 $8x \geqslant 94\ 800 \times (1+2\%)$；总产量比上个生产时段最多增长 4%, 有不等式 $8x \leqslant 94\ 800 \times (1+4\%)$, 从而得：

$$\begin{cases} 8x \geqslant 94\ 800 \times (1+2\%), & \text{①} \\ 8x \leqslant 94\ 800 \times (1+4\%). & \text{②} \end{cases}$$

解不等式①得
$$x \geqslant 12\ 087,$$
解不等式②得
$$x \leqslant 12\ 324,$$
所以, 这个不等式组的解集为
$$12\ 087 \leqslant x \leqslant 12\ 324.$$
因此, 本次生产时段的零件平均日产量在 12 087 件至 12 324 件（包括 12 087 件和 12 324 件）之间.

六、求和运算的应用

1. 和式

当有若干项相加时, 为了方便常用和式记号"$\sum$", 求和运算记为 $x_1 + x_2 + \cdots + x_n = \sum\limits_{i=1}^{n} x_i$.

$\sum\limits_{i=1}^{n} x_i$ 称为和式, 其中 x_i 表示第 i 项, 序号 i 称为下标. 上式表示加数的序号由 1 变到 n, 即求由第 1 项逐次累加到第 n 项之和.

例 1 - 26 用和式表示下面各列数的和：

(1) 1, 2, 3, …, 20；　　(2) $\dfrac{1}{3}$, $\dfrac{1}{9}$, $\dfrac{1}{27}$, …, $\dfrac{1}{3^{10}}$.

解：(1) $1 + 2 + 3 + \cdots + 20 = \sum\limits_{i=1}^{20} i$.

(2) $\dfrac{1}{3} + \dfrac{1}{9} + \dfrac{1}{27} + \cdots + \dfrac{1}{3^{10}} = \sum\limits_{i=1}^{10} \dfrac{1}{3^i}$.

例 1 - 27 展开下列和式并求值：

(1) $\sum\limits_{i=1}^{5} (i+6)$；　　(2) $\sum\limits_{i=1}^{6} \dfrac{3^i}{i}$.

解：(1) $\sum\limits_{i=1}^{5} (i+6) = (1+6) + (2+6) + (3+6) + (4+6) + (5+6)$

$= 45.$

$$(2) \sum_{i=1}^{6} \frac{3^i}{i} = \frac{3^1}{1} + \frac{3^2}{2} + \frac{3^3}{3} + \frac{3^4}{4} + \frac{3^5}{5} + \frac{3^6}{6}$$
$$= 206\frac{17}{20}.$$

2. 求和运算的应用

例 1-28 加工如图 1-10 所示的零件，其工艺尺寸链简图如图 1-11 所示. 工件平面 1 和 3 已经加工，平面 2 待加工，试求封闭环 A_0 的最大、最小极限尺寸.

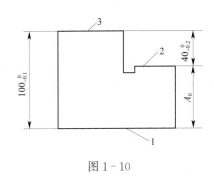

图 1-10

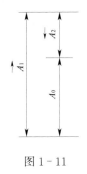

图 1-11

◎ **专业知识链接**

1. **封闭环**：在工艺尺寸链中，最终被间接保证的那个尺寸称为封闭环. 装配尺寸链的封闭环就是装配所要保证的装配精度或技术要求.

2. **组成环**：在工艺尺寸链中，能人为控制或直接获得的尺寸，即除封闭环外的全部其他环称为组成环. 在装配关系中，对装配精度有直接影响的零部件的尺寸和位置关系都是装配尺寸链的组成环.

3. **增环**：组成环中，某组成环增大而其他组成环不变，使封闭环随之增大的环，记作 $\vec{A}_i$.

4. **减环**：组成环中，某组成环增大而其他组成环不变，使封闭环随之减小的环，记作 $\overleftarrow{A}_i$.

5. **极值法解尺寸链的计算公式.**

(1) 封闭环的基本尺寸：

$$A_0 = \sum_{i=1}^{m} \vec{A}_i - \sum_{i=1}^{n} \overleftarrow{A}_i.$$

(2) 封闭环的极限尺寸：

$$A_{0\,\max} = \sum_{i=1}^{m} \vec{A}_{i\,\max} - \sum_{i=1}^{n} \overleftarrow{A}_{i\,\min}, \quad A_{0\,\min} = \sum_{i=1}^{m} \vec{A}_{i\,\min} - \sum_{i=1}^{n} \overleftarrow{A}_{i\,\max}.$$

以上各式中，A_0 为封闭环的基本尺寸，$\vec{A}_i$ 为各增环的基本尺寸，$\overleftarrow{A}_i$ 为各减环的基本尺寸，m 为增环的环数，n 为减环的环数，$A_{0\,\max}$ 为封闭环的最大极限尺寸，$A_{0\,\min}$ 为封闭环的最小极限尺寸，$\vec{A}_{i\,\max}$ 为各增环的最大极限尺寸，$\vec{A}_{i\,\min}$ 为各增环的最小极限尺寸，$\overleftarrow{A}_{i\,\max}$ 为各减环的最大极限尺寸，$\overleftarrow{A}_{i\,\min}$ 为各减环的最小极限尺寸.

解： 由尺寸链图 1-11 已知 $\vec{A}_1$，$\vec{A}_2$，则

$$A_{0\,\max} = \sum_{i=1}^{m} \vec{A}_{i\,\max} - \sum_{i=1}^{n} \vec{A}_{i\,\min}$$

$$= A_{1\,\max} - A_{2\,\min}$$

$$= (100 + 0) - (40 - 0.2)$$

$$= 100 - 39.8$$

$$= 60.2,$$

$$A_{0\,\min} = \sum_{i=1}^{m} \vec{A}_{i\,\min} - \sum_{i=1}^{n} \vec{A}_{i\,\max}$$

$$= A_{1\,\min} - A_{2\,\max}$$

$$= (100 - 0.1) - (40 + 0)$$

$$= 99.9 - 40$$

$$= 59.9.$$

所以

$$A_0 = 60^{+0.2}_{-0.1},$$

即 A_0 最大为 60.2 mm，最小为 59.9 mm.

七、科学计数法的应用

在专业课程和实际操作中，有一些计算结果会被要求用一定的数字形式记录，常用的就是科学计数法. 用科学计数法计数时，又经常会用到近似值. 下面我们来复习相关的知识点.

科学计数法		这是科学技术上常用的一种计数法. 它用 10 的整数次幂把一个数记成 $\pm a \times 10^n$（n 是整数，a 是大于等于 1 而小于 10 的数）的形式的计数方法
近似值	描述方法	利用保留的数位来描述. 采用此方法描述，记作"精确到"某一数位. 例如，保留到小数的百分位，记作精确到 0.01
		利用有效数字来描述. 一个数从左边第一个非 0 数字起，到右边保留的末尾数字止的每一位数字都叫作有效数字. 这里的"每一位数字"包括 0，不论在中间还是在末尾的 0 都是有效数字. 例如，0.018 有两个有效数字，分别是 1，8；2 300 有四个有效数字，分别是 2，3，0，0
	取近似值方法	四舍五入法：采用这种方法将保留的末尾数字之后的数字舍去后，舍去部分左起第一位数字如果小于 5，则不变；如果大于或等于 5，则保留的数字末尾加 1. 例如： 0.345 2≈0.345（精确到千分位或精确到 0.001） 0.345 2≈0.35（精确到百分位或精确到 0.01）
		去尾法：又称不足近似值法，是指将保留的末尾数字后面的数字直接舍去，得到近似值. 例如，精确到 0.01 时，5.487 2≈5.48. 城市居民每个月的电费、水费、煤气费等是采用这种方法来计算的
		收尾法：又称过剩近似值法，是指将保留的末尾数字舍去后，进位 1，得到近似值. 例如，精确到 0.01 时，0.481 2≈0.49. 手机话费、货物托运价格等都采用这种方法来收费的

例 1-29 用科学计数法表示下列各数：

(1) 1 000 000；　　　(2) $-2\,000$；　　　(3) 690 000 000；

(4) 80.197；　　　　(5) 6.079；　　　　(6) $-30\,960\,000$；

(7) 0.000 9；　　　　(8) $-0.005\,007\,6$；　　　(9) 0.000 000 030 008.

解： (1) $1\,000\,000 = 1 \times 1\,000\,000 = 1 \times 10^6$.

(2) $-2\,000 = -2 \times 1\,000 = -2 \times 10^3$.

(3) $690\,000\,000 = 6.9 \times 100\,000\,000 = 6.9 \times 10^8$.

(4) $80.197 = 8.019\,7 \times 10 = 8.019\,7 \times 10^1$.

(5) $6.079 = 6.079 \times 1 = 6.079 \times 10^0$.

(6) $-30\,960\,000 = -3.096 \times 10\,000\,000 = -3.096 \times 10^7$.

(7) $0.000\,9 = 9 \times 0.000\,1 = 9 \times 10^{-4}$.

(8) $-0.005\,007\,6 = -5.007\,6 \times 0.001 = -5.007\,6 \times 10^{-3}$.

(9) $0.000\,000\,030\,008 = 3.000\,8 \times 0.000\,000\,01 = 3.000\,8 \times 10^{-8}$.

例 1-30 某工厂有各种设备 88 台套，设备平均耗电 6.5 度/(台·h)，如果按照每班工作 8 h，每天三班，每月工作 30 天计算，该厂每月耗电多少度？请用科学记数法记录结果，若要求保留 4 位有效数字结果是多少？

解： 分析题意及数据得

$$88 \times 6.5 \times 8 \times 3 \times 30 = 411\,840 \text{（度）}，$$

用科学计数法记录为

$$4.118\,4 \times 10^5 \text{（度）}.$$

若按要求保留 4 位有效数字，结果是

$$4.118 \times 10^5 \text{（度）}.$$

例 1-31 地球的质量约为 5.98×10^{21} t，土星的质量是地球的 95 倍. 土星的质量约是多少吨（保留 3 位有效数字）？

解：
$$5.98 \times 10^{21} \times 95 = 5.681 \times 10^{23}$$
$$\approx 5.68 \times 10^{23} \text{（t）}.$$

所以土星的质量约是 5.68×10^{23} t.

课 后 习 题

1. 某企业在单一品种流水线上生产 A 产品，其计划月产量为 2 000 件，允许废品率为 1‰，流水线每月有效工作时间为 9 600 min. 请计算该流水线的节拍（min/件）.

2. 某工厂去年的利润是 260 万元，销售额是 3 200 万元，今年的销售额是 4 350 万元. 如果利润率不变，那么今年的利润约为多少？（请用两种方法解题）

3. 已知某车工工件的毛坯直径为 $d_w = 70$ mm，如果背吃刀量为 $a_p = 3$ mm，则经过一次进给车削后，车出的工件直径是 d_m 多少？$\left(提示：a_p = \dfrac{d_w - d_m}{2}\right)$

4. 通过试验总结出计算群钻扭矩的公式为 $M = 70.9 v^{-0.28} d^{1.64} f^{0.8}$（N·m），如果钻头直径 $d = 20$ mm，进给量 $f = 0.32$ mm/r，切削速度 $v = 13.5$ m/min，求群钻扭矩 M. （提示：将各项已知参数代入公式计算即可）

5. 已知单位切削力计算公式为 $F = 165f^{-0.16}$. 其中, f 为进给量 (mm/r), F 为单位切削力 (N). 求 $f = 0.3$ mm/r 时的单位切削力 F.

6. 通过对车床转速数列的分析, 得到确定转速级数的公式是 $n_{最高} = n_{最低}\varphi^{z-1}$, 其中 $n_{最高}$ 为最高转速, $n_{最低}$ 为最低转速, φ 为公比, z 是级数. 已知 CQ6140 型车床的 $n_{最高} = 1\,400$ r/min, $n_{最低} = 31.5$ r/min, $\varphi = 1.41$, 求级数 z.

7. 已知某容器内甲烷的浓度 y 随时间 t (min) 的变化规律是 $y = 0.004\,16e^{-0.12t}$, 求浓度降为 $0.003\,08$ 时所需要的时间.

8. 某厂的两个数控车间在 2022 年 5 月共生产 2 679 个工件, 第一车间 5 月比 4 月增产 6%, 第二车间 5 月比 4 月减产 12%. 如果 4 月第一车间的产量是第二车间的 2 倍, 那么 5 月两个车间各生产了多少零件?

9. 一对相啮合的标准直齿圆柱齿轮传动, 其传动比 $i = 3$, 主动轮转速 $n_1 = 750$ r/min, 中心距 $a = 240$ mm, 模数 $m = 5$ mm. 试求从动轮转速 n_2 和两齿轮齿数 z_1, z_2.

10. 在年度的技能节中, 某技师学院要制作 A 工件 5 件, B 工件 10 件, C 工件 15 件, D 工件 30 件. 如果 A 工件成本是 B 工件的 2 倍, B 工件成本是 C 工件的 2 倍, C 工件成本是 D 工件的 2 倍, 且各类工件总成本不超过 7 万元, 那么各类工件最多可投入的成本是多少?

11. 有一装配尺寸链的各环基本尺寸和加工偏差如图 1-12 所示. 已知增环: $\vec{A}_1 = 500^{+0.5}_{0}$, 减环: $\vec{A}_2 = 150^{-0.2}_{-0.3}$, $\vec{A}_3 = 200^{-0.2}_{-0.4}$, $\vec{A}_4 = 150^{-0.2}_{-0.3}$. 试求装配后其封闭环 A_0 可能出现的极限尺寸.

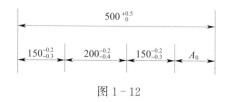

图 1-12

12. 一个氧原子的质量约为 2.657×10^{-23} g, 一个铜原子质量约为 1.06×10^{-22} g. 一个铜原子的质量约是一个氧原子质量的多少倍 (保留两位有效数字)?

13. 实际中有时用 "微米 (μm)" 作为长度单位, $1\ \mu m = 0.001$ mm. 人头发的直径约为 70 μm, 等于多少毫米、多少厘米、多少米? 分别用科学计数法写出来.

14. 地球上海洋面积约为 361 000 000 km², 用科学计数法把它表示出来.

15. 一种细菌的半径是 4×10^{-5} m, 用小数把它表示出来 (单位仍用 m).

§1-2 平面几何的应用

在机械加工中, 经常需要对零件进行尺寸计算及技术测量, 如测量多孔零件的孔距尺寸精度及相互位置精度等. 应用平面几何的知识可以很好地解决这些实际问题.

例 1-32 要测量箱体两轴孔的中心距 A, 如图 1-13 所示, 已知心棒直径 $d_1 = 20.02$ mm, $d_2 = 24.02$ mm, 测得 $L_1 = 122.12$ mm, $L_2 = 122.08$ mm, 中心距 A 是多少?

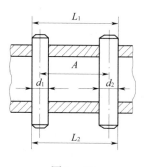

图 1-13

解题思路

由实际操作知道, 心轴的安装存在误差, 所以从两端所测得的尺

寸 L_1 和 L_2 不相等，存在一定的尺寸偏差，故需用平均值法计算.

解：因为

$$A = \frac{L_1 + L_2}{2} - \frac{d_1 + d_2}{2},$$

所以

$$A = \frac{122.12 + 122.08}{2} - \frac{20.02 + 24.02}{2}$$

$$= 100.08 \text{ （mm）}.$$

• **思考**

测量如图 1-14 所示的工件，用游标卡尺测得 $M = 100.04$ mm，卡尺每个量爪的宽度 $t = 5$ mm，两孔直径分别是 $D = 24.04$ mm，$d = 15.96$ mm，求两孔中心距 L.

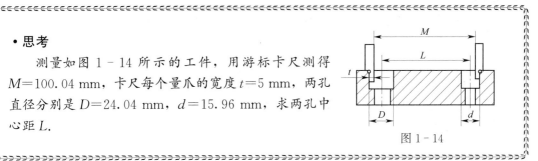

图 1-14

事实上，生产加工中应用最多的平面几何内容还是解直角三角形. 勾股定理和逆定理及一些相关结论在加工工件的分析和计算中起着非常重要的作用.

定　理	内　容	图　形	数学表达式
勾股定理	两直角边的平方和等于斜边的平方		$AB^2 = AC^2 + BC^2$
射影定理	斜边上的高是两条直角边在斜边上的射影的比例中项		$CD^2 = AD \times BD$
特殊结论	1. 任何一个直角三角形斜边上的中线等于斜边长的一半 2. 30°角所对的直角边长等于斜边长的一半 3. 如果一个锐角等于45°，那么两个直角边长相等		

下面通过实例说明解直角三角形在一般零件加工及测量中的应用.

例 1-33 加工如图 1-15 所示的零件时，需求尺寸 H，试根据图中尺寸求解.

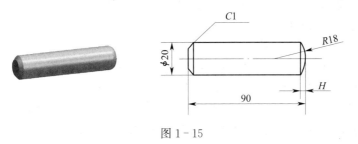

图 1-15

解题思路

观察零件图，可抽象出计算图 1-16. 由图 1-15 所示尺寸，图 1-16 中 Rt△ACO 可解，则 H 可求.

解：根据图形分析，作计算图 1-16.

在 Rt△ACO 中

$$OA = OB = 18, \quad AC = \frac{20}{2} = 10,$$

由勾股定理得

$$OC = \sqrt{OA^2 - AC^2} = \sqrt{18^2 - 10^2} \approx 14.97 \ (\text{mm}),$$

则

$$H = BC = OB - OC = 18 - 14.97 = 3.03 \ (\text{mm}).$$

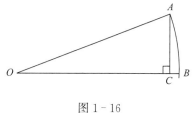

图 1-16

例 1-34 如图 1-17 所示为四齿刀具轮廓，加工时先车好直径为 d 的圆柱，然后铣出半径 R 为 24.5 mm 的四段圆弧，试求 d 的大小.

解：作计算图 1-18.

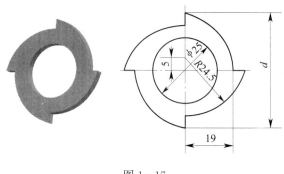

图 1-17

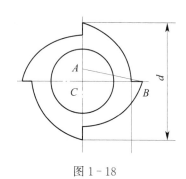

图 1-18

在 Rt△ACB 中

$$AC = 5, \quad AB = 24.5,$$

所以

$$BC = \sqrt{AB^2 - AC^2} = \sqrt{24.5^2 - 5^2},$$

因此由对称性得

$$d = 2BC = 2\sqrt{24.5^2 - 5^2} \approx 47.97 \ (\text{mm}).$$

例 1-35 如图 1-19 所示，用半径 $R = 9$ mm，$r = 5$ mm 的钢球测量一个口小内大的缸体内腔的内径 D. 测得钢球顶点与缸体口外平面的距离分别为 $a = 12.5$ mm，$b = 8.6$ mm，求缸体内径 D 的大小（精确到 0.1 mm）.

解题思路

由题意作计算图 1-20，两钢球在缸体内剖面图形为相切的两圆，根据相切圆的性质可知：两圆心的连线过切点，两圆心连线长度为两圆半径之和，即 $AB = 9 + 5 = 14$ mm. 缸体内底部到外平面的距离为 $2R + a = 18 + 12.5 = 30.5$ mm，用这个距离减去 b，r，R 这三段长度就得到 AC 的长度. 在 Rt△ABC 中利用勾股定理可求得 BC，即可求得 $D = BC + R + r$.

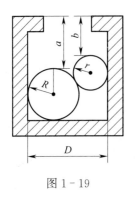

图 1-19

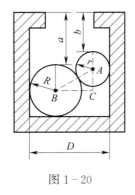

图 1-20

解： 作计算图 1-20，有

$$AB = 9 + 5 = 14 \text{（mm）},$$
$$AC = 2R + a - b - r - R$$
$$= 18 + 12.5 - 8.6 - 5 - 9$$
$$= 7.9 \text{（mm）}.$$

在 $\text{Rt}\triangle ABC$ 中

$$BC = \sqrt{AB^2 - AC^2} = \sqrt{14^2 - 7.9^2} \approx 11.6 \text{（mm）}.$$

所以

$$D = BC + R + r = 11.6 + 9 + 5 = 25.6 \text{（mm）}.$$

例 1-36 一车间要把一圆柱棒料铣削成正六棱柱，具体尺寸如图 1-21 所示．求正六边形的测量高度 X.

解题思路

由题意作计算图 1-22，其中圆半径 $OA = \dfrac{200}{2} = 100$，又由圆内接正六边形的性质可知，正六边形边长 $AB = OA = 100$，利用图形的对称性得 $AC = \dfrac{AB}{2} = 50$，所以在 $\text{Rt}\triangle ACO$ 中可求得 OC，平移后有 $X = 2OC$.

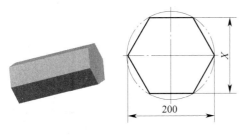

图 1-21

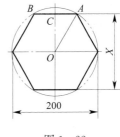

图 1-22

解： 作计算图 1-22，有

$$AB = OA = \dfrac{200}{2} = 100，AC = \dfrac{AB}{2} = \dfrac{100}{2} = 50.$$

在 $\text{Rt}\triangle ACO$ 中

$$OC = \sqrt{OA^2 - AC^2} = \sqrt{100^2 - 50^2},$$

• 思考

还可以用其他的方法解答此题吗？

所以

$$X = 2OC = 2\sqrt{100^2 - 50^2} \approx 173.21.$$

例 1-37　如图 1-23 所示，某钳工车间要给一个边长为 800 mm 的菱形件备料，则最小下料尺寸的毛坯是一个长、宽分别为多少的矩形毛坯？

解题思路

根据题意作计算图 1-24，在 Rt△AED 中，$AD = 800$ mm，$\angle EAD = 90° - 60° = 30°$，所以 $ED = \dfrac{800}{2} = 400$ mm，$AE = \sqrt{AD^2 - ED^2} = \sqrt{800^2 - 400^2}$ mm，则矩形的长、宽可求.

解： 作计算图 1-24，由题意得

$$AD = 800 \text{ mm}, \quad \angle EAD = 90° - 60° = 30°,$$

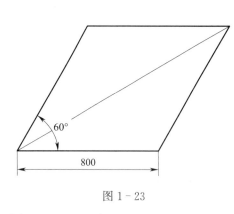

图 1-23

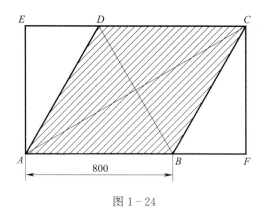

图 1-24

则在 Rt△AED 中

$$ED = \frac{800}{2} = 400 \text{（mm）},$$

$$AE = \sqrt{AD^2 - ED^2} = \sqrt{800^2 - 400^2} \approx 692.82 \text{（mm）},$$

且有

$$EC = ED + DC = 400 + 800 = 1\,200 \text{（mm）},$$

即最小下料尺寸的毛坯是一个长为 1 200 mm、宽约为 692.82 mm 的矩形毛坯.

例 1-38　如图 1-25 所示，冲裁凸模在加工中要保证 $R20^{+0.1}_{0}$ mm 的圆弧同时与 $R(100 \pm 0.05)$ mm 的圆弧和直线 AB 相切（A 为 $R20^{+0.1}_{0}$ mm 的圆弧与直线 AB 的切点）. 试计算 $R20^{+0.1}_{0}$ mm 的圆弧圆心 O' 相对于 $R(100 \pm 0.05)$ mm 圆弧的圆心 O 水平和垂直距离（计算时不考虑尺寸公差）.

解题思路

为了求出 $R20^{+0.1}_{0}$ mm 的圆弧圆心 O' 相对于点 O 的水平和垂直距离，显然要构建直角三角形，将该问题转化为应用直角三角形的勾股定理的问题. 具体方法如下：

连接 $O'O$，$O'A$，过点 O 作 $OD \perp AB$，垂足 D 在直线 AB 的延长线上，过点 O' 作 $O'E \perp OD$，E 为垂足，得计算图 1-26. 在 Rt△OEO' 中，由已知数据可求得点 O' 相对于点 O 的水平距离 OE 和垂直距离 $O'E$.

> **· 提示**
>
> 两圆内切，圆心距等于两圆半径之差；两圆外切，圆心距等于两圆半径之和.

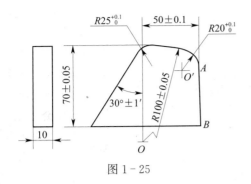

图 1-25

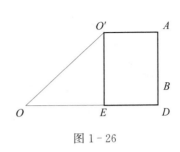

图 1-26

解： 作计算图，如图 1-26 所示.

因为

$$ED = O'A = 20，OD = 50，$$

所以

$$OE = OD - ED = 50 - 20 = 30.$$

又因为

$$O'O = 100 - 20 = 80，$$

所以

$$O'E = \sqrt{O'O^2 - OE^2}$$
$$= \sqrt{80^2 - 30^2} \approx 74.16 \text{（mm）}.$$

即 $R20^{+0.1}_{0}$ mm 的圆弧圆心 O' 相对于点 O 的水平和垂直距离分别为 30 mm 和 74.16 mm.

例 1-39 在数控机床上加工一零件，轮廓尺寸如图 1-27 所示，试分别求 $R8$ mm 与 $R10$ mm 两圆弧切点 G 和 $R8$ mm 圆弧的圆心 B 分别相对于点 A 的水平和垂直距离.

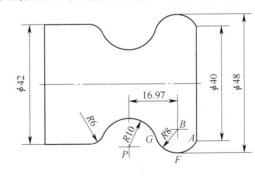

图 1-27

解题思路

因为要求两点间的相对距离，所以通过构建直角三角形来解决问题. 具体方法如下.

连接 BF（由零件图可知 BF 为竖直直线），过点 A，G 分别作 $AD \perp BF$，$GC \perp BF$，其中 D，C 为垂足，就得到 $\text{Rt}\triangle ADB$ 和 $\text{Rt}\triangle GCB$，如图 1-28 所示. DA，BD 是点 B 相对于点 A 的水平和垂直距离，$GC + DA$，CD 为点 G 相对于点 A 的水平和垂直距离. 由于解 $\text{Rt}\triangle GCB$ 条件不足. 连接直线 PGB（$PB = 18$），过点 P 作 $PE \perp BF$，E 为垂足，得 $\text{Rt}\triangle PEB$，它与 $\text{Rt}\triangle GCB$ 相似. 利用相似三角形性质，可计算出 GC，BC，则此题可解.

> **• 思考**
>
> 为什么 P，G，B 三点在一条直线上，且 $PB = 18$？

解：分析零件图，作计算图 1－28.

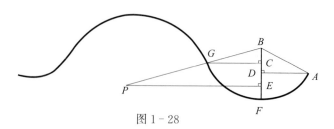

图 1－28

因为

$$DF = \frac{48-40}{2} = 4 \ (mm),$$

所以

$$BD = BF - DF = 8 - 4 = 4 \ (mm),$$

在 Rt△ADB 中

$$DA = \sqrt{AB^2 - BD^2}$$
$$= \sqrt{8^2 - 4^2}$$
$$\approx 6.93 \ (mm).$$

因为

$$Rt△BEP \backsim Rt△BCG,$$
$$PE = 16.97 \ mm, \quad PB = 18 \ mm, \quad BG = 8 \ mm,$$

所以

$$\frac{BP}{PE} = \frac{BG}{GC},$$

解得

$$GC = \frac{BG \times PE}{BP} = \frac{8 \times 16.97}{18} \approx 7.54 \ (mm),$$

于是

$$GC + DA = 7.54 + 6.93 = 14.47 \ (mm).$$

在 Rt△BCG 中

$$BC = \sqrt{BG^2 - GC^2}$$
$$= \sqrt{8^2 - 7.54^2}$$
$$\approx 2.67 \ (mm),$$

所以

$$CD = BD - BC = 4 - 2.67 = 1.33 \ (mm).$$

即圆心 B 相对于 A 点的水平、垂直距离分别是 6.93 mm 和 4 mm，切点 G 相对于 A 点的水平、垂直距离分别是 14.47 mm 和 1.33 mm.

例 1－40 有一个碎砂轮只残留一小部分，如图 1－29 所示. 若用游标卡尺量得它的宽度 $L = 60$ mm，高度 $H = 12$ mm，求碎砂轮所在圆的直径 D.

- **说明**

解答题目计算出的结果数值与专业绘图软件显示的结果有时会有些许不同，这与计算过程方法及计算过程中间环节所用数字的近似方法有关.

在实际工作中，如果经数学计算所得的计算值和理论值之间的差值小于工件公差的 1/3，即视为该计算结果符合加工要求.

- **提示**

平行于三角形一边的直线和其他两边（或延长线）相交，所构成的三角形与原三角形相似.

相似三角形对应边成比例.

- **思考**

请同学们参照例题的解法，试求 $R10$ mm 圆弧圆心、$R10$ mm 圆弧与 $R6$ mm 圆弧的切点相对于点 G 的距离.

解题思路

为了求碎砂轮所在圆直径，就要先作出一条直径：连接碎砂轮的两个端点作弦 BF，过 BF 中点 E 作 BF 的垂直平分线，与碎砂轮交于点 C，连接 BC，过 B 作 $AB \perp BC$，交 CE 延长线于点 A，则 AC 就是所求直径（见图 $1-30$）。在 $Rt \triangle ABC$ 中，运用射影定理就能计算出圆直径.

·提示

圆的直径所对的圆周角等于 $90°$.

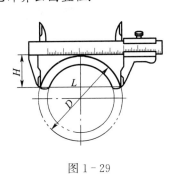

图 1-29

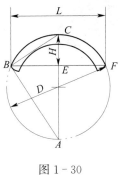

图 1-30

解： 由图 $1-29$ 抽象出计算图，如图 $1-30$ 所示. 因为

$$AC \perp BF,$$

所以，在 $Rt \triangle ABC$ 中利用射影定理得

$$BE^2 = AE \times CE.$$

而

$$CE = H, AE = D - H, BE = \frac{L}{2},$$

所以

$$\left(\frac{L}{2}\right)^2 = (D - H) \times H,$$

即

$$\frac{L^2}{4} = HD - H^2,$$

整理得

$$D = \frac{L^2}{4H} + H.$$

由于

$$L = 60, \quad H = 12,$$

所以

$$D = \frac{60^2}{4 \times 12} + 12$$

$$= 87 \ (mm).$$

·提示

与弦垂直的直径平分该弦.

·结论

在实践中，$D = \frac{L^2}{4H} + H$ 可作为求碎砂轮原圆直径的公式直接使用.

例 1-41 某量规尺寸如图 $1-31$ 所示，用 $\phi 20$ mm 的钢球检验时，需求 x. 试计算 x 的值.

解： 在图 $1-31$ 的右侧作辅助线，并标注字母，得计算图 $1-32$，其中点 F 是切点，则

$$OF = \frac{20}{2} = 10.$$

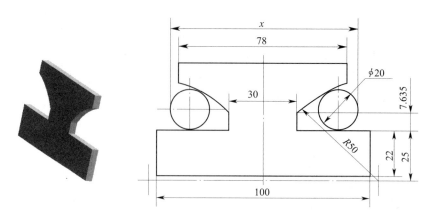

图 1 - 31

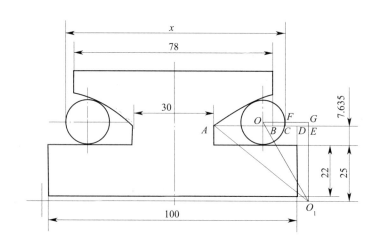

图 1 - 32

因为

$$AD = \frac{100}{2} - \frac{30}{2} = 35, \quad AB = \frac{78}{2} - \frac{30}{2} = 24,$$

所以

$$\begin{aligned} BD &= AD - AB \\ &= 35 - 24 \\ &= 11. \end{aligned}$$

在 $\mathrm{Rt}\triangle AEO_1$ 中

$$AO_1 = 50, \quad O_1E = 25 + 7.635 = 32.635,$$

所以

$$\begin{aligned} AE &= \sqrt{AO_1^2 - O_1E^2} \\ &= \sqrt{50^2 - 32.635^2} \\ &\approx 37.881, \end{aligned}$$

因此

$$DE = AE - AD$$
$$= 37.881 - 35$$
$$= 2.881.$$

在 Rt$\triangle OGO_1$ 中

$$OO_1 = 50 - 10 = 40, O_1G = 25 + 10 = 35,$$

所以

$$OG = \sqrt{OO_1^2 - O_1G^2}$$
$$= \sqrt{40^2 - 35^2}$$
$$\approx 19.365,$$

所以

$$FG = OG - OF$$
$$= 19.365 - 10$$
$$= 9.365$$
$$= CE,$$

因此

$$CD = CE - DE$$
$$= 9.365 - 2.881$$
$$= 6.484,$$

所以

$$BC = BD - CD$$
$$= 11 - 6.484$$
$$= 4.516,$$

于是，由量规的对称性得

$$x = 78 + 2BC$$
$$= 78 + 2 \times 4.516$$
$$\approx 87.03.$$

综合本节例题可知：应用勾股定理及逆定理解决问题的关键是构建直角三角形．为此，要根据图示尺寸、一些比较重要的点（如圆心、切点、交点等）及其连线，同时结合平面几何的一些定理（如圆的性质、相似三角形等），找出上述要素相互间的几何关系，从而作出所需计算图．

课 后 习 题

1. 一车间要加工如图 1-33 所示的法兰盘，8 个小圆的圆心均匀分布在直径为 85 mm 的一个大圆上．钻孔前需确认 8 个孔的坐标，试问如何确定图 1-34 中坐标系下 8 个点的坐标值？

2. 如图 1-35 所示，在直径为 100 mm 的圆柱轴上要铣削掉高 25 mm 的余量，请计算弦 AB 的长度．

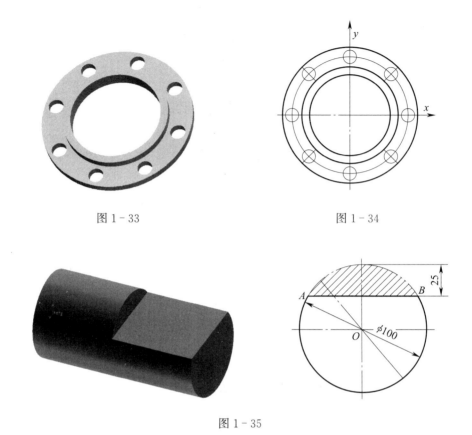

图 1-33　　　　　　　　　　　　　　　图 1-34

图 1-35

3. 试求加工图 1-36 所示零件的 x 值.

4. 如图 1-37 所示多孔工件装夹在车床的花盘上加工，先加工好 C 孔，然后移动工件加工 A，B 两孔. 移动工件时应计算出水平移动尺寸和垂直移动尺寸，以便依据它们调整工件位置. 试根据图中所给数值分别求出加工 A，B 孔时应移动的水平尺寸和垂直尺寸.

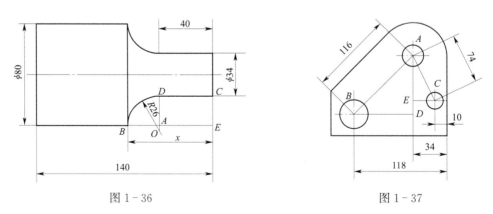

图 1-36　　　　　　　　　　　　　　　图 1-37

5. 三齿立铣刀端面如图 1-38 所示，如果用游标卡尺测得两刃间的宽度 S，请推导用 S 计算立铣刀直径 D 的公式.

6. 车削如图 1-39 所示的凹圆弧工件时，要先确定长度 L，然后再车削圆弧到一定深

度 t. L 可用公式 $L = 2\sqrt{R^2 - h^2}$ 计算. 请证明此公式.

式中　L——工件凹圆弧宽度；

R——工件凹圆弧半径；

h——工件凹圆弧中心高度.

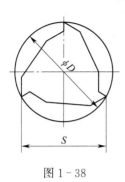

图 1-38

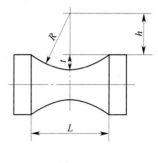

图 1-39

7. 如图 1-40 所示，用直径为 $\phi = 200$ mm 的两根圆钢棒嵌放在大型圆形工件的两侧，通过测量圆钢棒的距离间接测量大型圆工件的直径. 已测得两圆钢棒外侧距离为 $L = 1\,854$ mm，大型圆工件的厚度 $d = 120$ mm，求大型圆工件的内径 R.

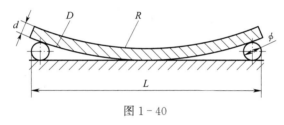

图 1-40

8. 某处圆形水泥下水管道破裂塌陷，现准备更换一段新管道，测得 $L = 720$ mm，$H = 120$ mm. 如图 1-41 所示，根据数据计算应准备内径为多少的水泥管道？

9. 有一非整圆的内凹圆，现采用如图 1-42 所示的测量方法，取圆柱直径为 $\phi = 28$ mm，测得 $H_1 = 20$ mm，$H_2 = 55$ mm，求此凹圆的半径 R.

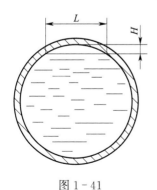

图 1-41

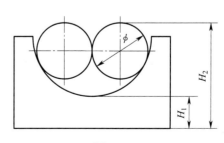

图 1-42

第二章

三角函数的应用

三角计算在专业课程和生产实践中应用广泛．它可以揭示一些应用公式的由来，能确定机械加工中所需要的数量关系，还可以对加工对象进行工艺分析，对零件的轮廓以及在加工过程中的测量、检验所需的尺寸进行分析和计算．在实际生产中进行数学处理时，应重点掌握三角函数的应用．

知识框图

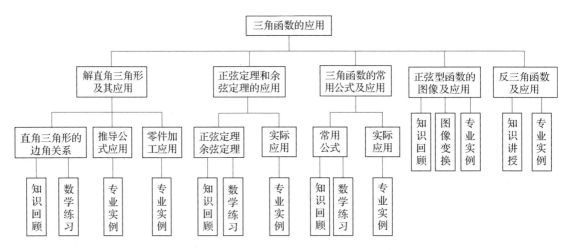

学习目标

1. 掌握直角三角形中锐角的正弦、余弦、正切的计算方法，会借助计算器熟练计算锐角的正弦值、余弦值及正切值；

2. 掌握正弦定理和余弦定理，能进行有关的计算；

3. 理解并熟练运用同角三角函数基本关系式、诱导公式、两角和与差的三角函数公式；

4. 理解正弦函数、余弦函数的概念，熟悉其图像及性质，并能利用"五点作图法"作出正弦函数曲线；

5. 了解正弦型曲线的变换作图法和五点作图法，理解由正弦曲线到正弦型曲线的三个基本变换，掌握用"五点法"作一个周期内的正弦型曲线的方法；

6. 了解反三角函数的意义，能做简单的运算，并能熟练使用计算器解决已知函数值求角的问题；

7. 通过三角函数的学习，领会数形结合的思想、分类讨论的思想，达到能解决实际问题的目的．

实例引入

如图 2-1 所示工件为一不锈钢垫片，其厚度为 2 mm，要求电加工生产车间利用激光切割机切割加工. 为顺利完成切割任务，需计算出 A，B，C，D，E，F，G，H，I，J，K，L 共十二个点相对于圆心 O 的坐标.

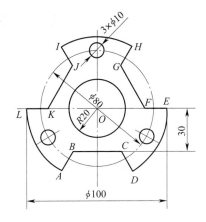

图 2-1

◎ **专业知识链接**

在该生产任务中，首先要了解激光切割的基本知识. 激光切割将激光器发射出的激光，经光路系统，聚焦成高功率密度的激光束. 激光束照射到工件表面，使工件达到熔点或沸点，同时与光束同轴的高压气体将熔化或气化的金属吹走. 随着光束与工件相对位置的移动，最终使材料形成切缝，从而达到切割的目的. 激光切割加工是用光束代替了传统的机械刀具，具有精度高、切割快速、不局限于切割图案限制、自动排料节省材料、切口平滑、加工成本低等特点. 激光切割机是一种数控设备，要想顺利完成激光切割，必须求出加工节点的坐标.

观察零件图，分析图样，可看出要求 A，B，C，D，E，F，G，H，I，J，K，L 各点相对于点 O 的坐标，应先计算出各点相对于点 O 的水平、垂直距离. 只要能计算出各点相对于圆心 O 的横、纵距离，以点 O 为圆心建立平面直角坐标系，则所需各点的坐标就可以直接写出坐标了.

那么用什么方法能求出各点相对于点 O 的水平、垂直距离呢？以点 C，D 为例来讨论. 过点 D 作 y 轴的垂线，垂足为 D'，连接 OCD（由工件对称性可知这三点在同一条直线上）；取 BC 与 y 轴交点为 C'，由工件对称性知，y 轴垂直平分 BC，得计算图 2-2. 在 Rt$\triangle OC'C$ 和 Rt$\triangle OD'D$ 中，由图中尺寸可知，

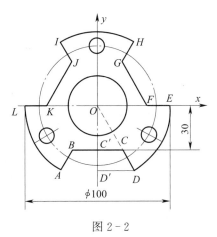

图 2-2

$OC' = 30$ mm，$OD = 50$ mm，$\angle DOD' = 30°$，利用直角三角形的边角关系，可得 $CC' = OC'\tan\angle DOD'$，$OD' = OD\cos\angle DOD'$，$DD' = OD\sin\angle DOD'$，则点 C，D 相对于点 O 的横、纵距离，即坐标可求.

此实例的处理方法就是三角函数应用的体现. 本章将对三角函数的应用展开讲解.

§2−1 解直角三角形及其应用

解直角三角形，除了勾股定理及逆定理外，主要还应掌握边角关系及其使用方法，现列表如下：

图形	关系式	记忆方法
	$\sin A = \dfrac{a}{c}$	$\sin A = \dfrac{对边}{斜边}$
	$\cos A = \dfrac{b}{c}$	$\cos A = \dfrac{邻边}{斜边}$
	$\tan A = \dfrac{a}{b}$	$\tan A = \dfrac{对边}{邻边}$

应用	已知条件	解法
	一直角边和一个锐角	
	斜边和一个锐角	

> • 思考
> 同学们能自己填好空格吗？

在应用直角三角形中的边角关系处理数学问题和实际操作问题时，还会经常遇到求三角函数值或角度值的情况，这时需要用到计算器. 下面我们以例题形式展现计算器的应用.

例 2−1 用计算器求下列各三角函数值（精确到 0.001）：

(1) $\sin 155°$；　　　(2) $\tan 370°$；　　　(3) $\cos(-523°)$；　　　(4) $\sin\dfrac{5\pi}{8}$；

(5) $\cos\left(-\dfrac{11\pi}{7}\right)$；　　(6) $\tan\dfrac{17\pi}{6}$；　　　(7) $\sin(-2)$.

解题思路

由于 (1)(2)(3) 题中已知角是用角度制表示的，因此在使用计算器计算 (1)(2)(3) 题时，应先按 Deg 键，把计算器的显示状态设定为 D（度）；而 (4)(5)(6)(7) 题中，已知角是用弧度制表示的，因此应把计算器的显示状态用 Rad 键设定为 R（弧度）.

解：

题号	显示状态	按键顺序	显示结果
(1)	D	sin 155 =	0.422 618 261 7
(2)	D	tan 370 =	0.176 326 980 7
(3)	D	cos − 523 =	−0.956 304 756
(4)	R	sin 5 × π ÷ 8 =	0.923 879 532 5
(5)	R	cos − 11 × π ÷ 7 =	0.222 520 933 9
(6)	R	tan 17 × π ÷ 6 =	−0.577 350 269 2
(7)	R	sin − 2 =	−0.909 297 426 8

则 (1) $\sin 155° \approx 0.423$;　(2) $\tan 370° \approx 0.176$;

(3) $\cos(-523°) \approx -0.956$;　(4) $\sin\dfrac{5\pi}{8} \approx 0.924$;

(5) $\cos\left(-\dfrac{11\pi}{7}\right) \approx 0.223$;　(6) $\tan\dfrac{17\pi}{6} \approx -0.577$;

(7) $\sin(-2) \approx -0.909$.

利用计算器不仅可以求出任意角的三角函数值，也可以用已知角的三角函数值计算出相应范围内的角.

例 2-2　利用计算器求满足下列条件的角 α，结果用角度制表示（精确到 $0.1°$）.

(1) $\sin\alpha = 0.8$　　(2) $\sin\alpha = 0.421\ 2$　　(3) $\sin\alpha = -0.260\ 1$

解： 先按 Deg 键，把计算器的显示状态设定为 D（度），继续如下操作：

题号	显示状态	计算过程	显示结果
(1)	D	2nd sin⁻¹ 0.8 =	53.130 102 354
(2)	D	2nd sin⁻¹ 0.421 2 =	24.910 371 708
(3)	D	2nd sin⁻¹ − 0.260 1 =	−15.075 995 87

则 (1) $\alpha \approx 53.1°$;　　(2) $\alpha \approx 24.9°$;　　(3) $\alpha \approx -15.1°$.

例 2-3　利用计算器求满足下列条件的角 α，结果用弧度制表示（精确到 0.01）.

(1) $\cos\alpha = 0.346\ 2$;　(2) $\cos\alpha = -0.842$;　(3) $\cos\alpha = -0.4$.

解： 先按 Rad 键，把计算器的显示状态设定为 R（弧度），继续如下操作：

题号	显示状态	计算过程	显示结果
(1)	R	$\boxed{2^{\text{nd}}}\ \boxed{\cos^{-1}}\ 0.346\ 2\ \boxed{=}$	1.217 278 744 5
(2)	R	$\boxed{2^{\text{nd}}}\ \boxed{\cos^{-1}}\ \boxed{-}\ 0.842\ \boxed{=}$	2.571 776 184 2
(3)	R	$\boxed{2^{\text{nd}}}\ \boxed{\cos^{-1}}\ \boxed{-}\ 0.4\ \boxed{=}$	1.982 313 172 8

则 (1) $\alpha \approx 1.22$；(2) $\alpha \approx 2.57$；(3) $\alpha \approx 1.98$.

下面通过实例来说明解直角三角形在实际中的应用.

一、在推导计算公式中的应用

例 2-4 如图 2-3 所示为一圆锥零件，锥度 C 与圆锥角 α 的关系式为 $\tan \dfrac{\alpha}{2} = \dfrac{C}{2}$，请推导这个关系式．图中 $\dfrac{\alpha}{2}$ 为圆锥半角，D 为最大圆锥直径（工件大端直径），d 为最小圆锥直径（工件小端直径），L 为锥形长度．

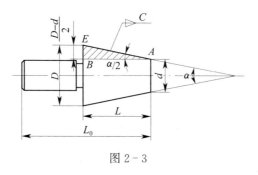

图 2-3

◎**专业知识链接**

圆锥角 α：在通过圆锥轴线的截面内，两条母线间的夹角．

锥度 C：最大圆锥直径与最小圆锥直径之差与锥形长度之比，即 $C = \dfrac{D-d}{L}$.

解：在图 2-3 所示的 $\text{Rt}\triangle ABE$ 中

$$BE = \frac{D-d}{2},\ \angle BAE = \frac{\alpha}{2},\ AB = L,$$

所以

$$\tan \frac{\alpha}{2} = \frac{BE}{AB}$$

$$= \frac{\dfrac{D-d}{2}}{L}$$

$$= \frac{1}{2} \times \frac{D-d}{L}$$

$$= \frac{C}{2}.$$

例 2 - 5 圆锥孔的大端直径很难直接测量，可以通过间接测量再计算的方法得出较准确的尺寸. 具体方法是把一个钢球放入圆锥孔内（见图 2 - 4），用深度千分尺或游标卡尺量出尺寸 h，然后用公式 $D = \dfrac{D_0}{\cos\dfrac{\alpha}{2}} + (D_0 - 2h)\tan\dfrac{\alpha}{2}$ 就可以计算大端直径，试推导该

公式. 式中 D 为圆锥孔大端直径，D_0 为钢球直径，h 为钢球露出工件端面的高度，$\dfrac{\alpha}{2}$ 为圆锥半角.

解题思路

由公式可知，构建包含 $\dfrac{\alpha}{2}$，D_0，D 的直角三角形是解题关键，故作辅助线如图 2 - 5 所示. 通过 Rt$\triangle AFO$ 和 Rt$\triangle ABE$，可求出此计算公式.

解：作计算图如图 2 - 5 所示，点 B，F 为垂足（点 F 也是圆与直线的切点）.

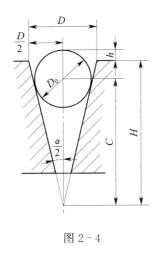

图 2 - 4

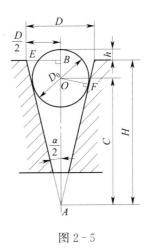

图 2 - 5

在 Rt$\triangle AFO$ 中

$$AO = C, \quad OF = \frac{D_0}{2}, \quad \angle OAF = \frac{\alpha}{2},$$

所以

$$\sin\frac{\alpha}{2} = \frac{OF}{AO} = \frac{\dfrac{D_0}{2}}{C},$$

则

$$C = \frac{\dfrac{D_0}{2}}{\sin\dfrac{\alpha}{2}} = \frac{D_0}{2\sin\dfrac{\alpha}{2}}.$$

在 Rt$\triangle ABE$ 中

$$BE = \frac{D}{2}, \quad AB = H, \quad \angle BAE = \frac{\alpha}{2},$$

所以

$$\tan \frac{\alpha}{2} = \frac{BE}{AB} = \frac{\frac{D}{2}}{H},$$

因此

$$\frac{D}{2} = H\tan\frac{\alpha}{2}.$$

又因为

$$H = C + \frac{D_0}{2} - h,$$

所以

$$\begin{aligned}
\frac{D}{2} &= \left(C + \frac{D_0}{2} - h\right)\tan\frac{\alpha}{2} \\
&= \left(\frac{D_0}{2\sin\frac{\alpha}{2}} + \frac{D_0}{2} - h\right)\tan\frac{\alpha}{2} \\
&= \frac{D_0}{2\sin\frac{\alpha}{2}}\tan\frac{\alpha}{2} + \frac{1}{2}(D_0 - 2h)\tan\frac{\alpha}{2} \\
&= \frac{D_0}{2\cos\frac{\alpha}{2}} + \frac{1}{2}(D_0 - 2h)\tan\frac{\alpha}{2},
\end{aligned}$$

即

$$D = \frac{D_0}{\cos\frac{\alpha}{2}} + (D_0 - 2h)\tan\frac{\alpha}{2}.$$

例 2-6 图 2-6 所示为开口式带传动图，其中带长的计算公式为 $L = 2a + \frac{\pi}{2}(D+d) + \frac{(D-d)^2}{4a}$，试推导这个公式.

解题思路

作计算图如图 2-7 所示. 由于图形是对称的，因此整个带长 L 为上半部带长的 2 倍，即 $L = 2(\overset{\frown}{HB} + BC + \overset{\frown}{CI})$，所以只要求出 $\overset{\frown}{HB}$，$\overset{\frown}{CI}$，BC 的长即可. 而 $\overset{\frown}{HB}$，$\overset{\frown}{CI}$ 的长度可由圆弧长公式计算得出，BC 长可利用三角函数法求得.

解： 作计算图如图 2-7 所示. 设带长为 L，则由图的对称性得

$$L = 2(\overset{\frown}{HB} + BC + \overset{\frown}{CI}).$$

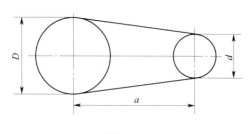

图 2-6

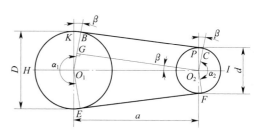

图 2-7

作

$$O_2G \perp O_1B,$$

则

$$BC = GO_2, \quad \angle GO_2O_1 = \angle KO_1B = \angle PO_2C = \beta.$$

由弧长公式得

$$\widehat{HB} = \frac{\alpha_1}{2} \times \frac{D}{2} = \frac{D}{2}\left(\frac{\pi}{2} + \beta\right),$$

$$\widehat{CI} = \frac{\alpha_2}{2} \times \frac{d}{2} = \frac{d}{2}\left(\frac{\pi}{2} - \beta\right),$$

在 $\mathrm{Rt}\triangle O_2GO_1$ 中

$$GO_2 = \sqrt{O_1O_2^2 - O_1G^2} = \sqrt{a^2 - \left(\frac{D-d}{2}\right)^2},$$

$$\sin\beta = \frac{O_1G}{O_1O_2} = \frac{D-d}{2a}.$$

综合上述结果，得

$$L = D\left(\frac{\pi}{2} + \beta\right) + d\left(\frac{\pi}{2} - \beta\right) + 2\sqrt{a^2 - \left(\frac{D-d}{2}\right)^2}$$

$$= \frac{\pi}{2}(D+d) + \beta(D-d) + 2\sqrt{a^2 - \left(\frac{D-d}{2}\right)^2}.$$

当 $\beta < 5°$ 时，有 $\sin\beta \approx \beta$，且因 $\sqrt{1-x} \approx 1 - \frac{x}{2}$，所以

$$\beta = \frac{D-d}{2a},$$

$$\sqrt{a^2 - \left(\frac{D-d}{2}\right)^2} = \sqrt{a^2\left[1 - \left(\frac{D-d}{2a}\right)^2\right]}$$

$$= a\sqrt{1 - \left(\frac{D-d}{2a}\right)^2}$$

$$\approx a\left[1 - \frac{1}{2} \times \frac{(D-d)^2}{4a^2}\right]$$

$$= a - \frac{(D-d)^2}{8a},$$

因此

$$L = 2a + \frac{\pi}{2}(D+d) + \frac{(D-d)^2}{4a}.$$

在实际应用中，计算皮带长度均采用该近似公式．求得的皮带长度要取整数，还必须按照有关国家标准进行修正，取一个等于计算长度的值．如果没有，则取一个最接近的、稍大的值．

二、在零件加工中的应用

例 2-7　某工件的截面如图 2-8 所示为等腰梯形，因工件表面有加工缺陷，需要铣削掉 6 mm．请问铣削完成后工件上表面的长度是多少（精确到 0.001 mm）？

> **• 提示**
> 1. 当 α 很小
> （$|\alpha| < 5°$）时，
> $\sin\alpha \approx \alpha$
> $\sin\alpha \approx \tan\alpha$
> 2. $\sqrt{1-x} \approx 1 - \dfrac{x}{2}$
> $\sqrt{1+x} \approx 1 + \dfrac{x}{2}$
>
> 以上是由高等数学知识得到的两个近似公式．

解题思路

根据题意，如图 2-9 所示，过 A 点向 BC 边作垂线，垂足为 E，得 Rt$\triangle AEB$，AE 长就是要铣削掉的长度 6 mm. 解此直角三角形得 BE，则铣削完成后工件上表面的长 $BC=AD+2BE$ 可求.

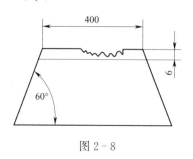

图 2-8

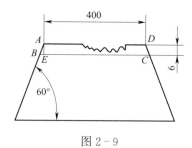

图 2-9

解：作计算图 2-9，在 Rt$\triangle AEB$ 中

$$\tan\angle ABE=\frac{AE}{BE}, \quad \angle ABE=60°, \quad AE=6,$$

所以

$$BE=\frac{6}{\tan 60°},$$

则

$$BC=AD+2BE=400+2\times\frac{6}{\tan 60°}\approx 406.928 \text{（mm）}.$$

例 2-8 V 形架是工程实践中常用的托举工具，现需要做一个如图 2-10 所示的 V 形架同时托举外径为 240 mm 和 40 mm 两个输送管道，求 V 形架的夹角 α（精确到 0.1°）.

> **• 提示**
> 例 2-1、例 2-2、例 2-3 已经展示了用计算器求角度、求角的函数值的方法，请参照解答此题.

解题思路

根据题意作计算图 2-11，由对称性可知，$\angle O_1O_2D=\frac{\alpha}{2}$，则只要求出 $\angle O_1O_2D$，α 就可求；因为圆 O_1 与圆 O_2 相切，且圆 O_1 与圆 O_2 又都与 V 形架相切，所以在 Rt$\triangle O_1O_2D$ 中，$O_1D=\frac{240}{2}-\frac{40}{2}=100$ mm，$O_1O_2=\frac{240}{2}+\frac{40}{2}=140$ mm，所以 $\sin\angle O_1O_2D=\frac{O_1D}{O_1O_2}=\frac{100}{140}$，用计算器计算可得 $\angle O_1O_2D$，从而求得 $\alpha=2\angle O_1O_2D$.

解：作计算图如图 2-11 所示，在 Rt$\triangle O_1O_2D$ 中

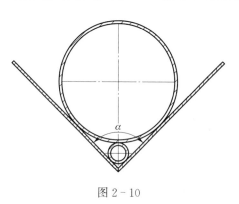

图 2-10

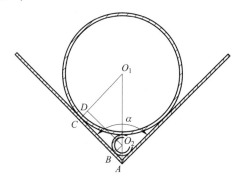

图 2-11

$$O_1D=\frac{240}{2}-\frac{40}{2}=100,$$

$$O_1O_2=\frac{240}{2}+\frac{40}{2}=140,$$

则

$$\sin\angle O_1O_2D=\frac{O_1D}{O_1O_2}=\frac{100}{140}=\frac{5}{7}.$$

所以

$$\angle O_1O_2D=\frac{\alpha}{2}\approx45.58°,$$

即

$$\alpha\approx91.2°.$$

例 2-9 试根据图 2-12 所示的零件尺寸求角 α（精确到 $1'$）.

解题思路

显然直接求角 α 条件不充足. 但 α 处于一个直角中, 所以只要求出 α 的余角, 则 α 就可解出. 为此, 作计算图如图 2-13 所示, 由已知数据计算出 $\angle OAC$, $\angle OAB$ 就可以了.

 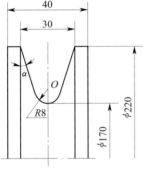

图 2-12

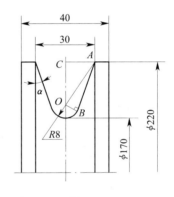

图 2-13

解：作计算图如图 2-13 所示, 点 B 为切点, 则
$$OB=8,\ OB\perp AB.$$
在 Rt$\triangle ACO$ 中
$$AC=\frac{30}{2}=15,\ OC=\frac{220}{2}-\frac{170}{2}-8=17,$$
所以
$$AO=\sqrt{AC^2+OC^2}=\sqrt{15^2+17^2}\approx22.672,$$
且
$$\tan\angle OAC=\frac{OC}{AC}=\frac{17}{15}\approx1.1333,$$
则
$$\angle OAC\approx48°35'.$$
在 Rt$\triangle AOB$ 中

$$\sin \angle OAB = \frac{OB}{AO} = \frac{8}{22.672},$$

则

$$\angle OAB \approx 20°40'.$$

所以由对称性得

$$\alpha = 90° - \angle OAC - \angle OAB$$
$$= 90° - 48°35' - 20°40'$$
$$= 20°45'.$$

例 2 – 10 某车间要切割如图 2 – 14 所示的五角星，已知五角星的外接圆半径是 100 mm，请求出 A，B，C，D，E 五个点在图示坐标系下的坐标（精确到 0.01）.

解题思路

从零件图 2 – 14 可以看出，要求各点的坐标，必须求得各点相对于圆心的横、纵距离. 因为连接五星的 5 个顶点得圆内接正五边形，所以五个对应圆心角相等，大小为 $\frac{360°}{5} = 72°$. 作计算图 2 – 15，其中 $\angle EOF = 90° - 72° = 18°$，$OE = 100$ mm，解 Rt△OFE 可求得 OF，EF，就是点 E 关于点 O 的水平、垂直距离，即点 E 的坐标可知. 同理，能求出点 D 的坐标，再由对称性可知点 B，C 的坐标.

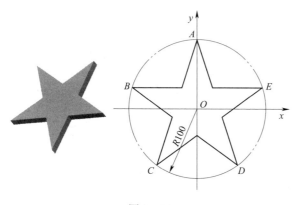

图 2 – 14

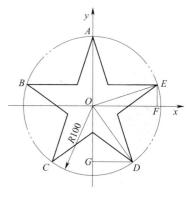

图 2 – 15

解： 作计算图 2 – 15，其中

$$A\ (0,\ 100),\ \angle AOE = \frac{360°}{5} = 72°.$$

在 Rt△OFE 中

$$\angle EOF = 90° - 72° = 18°,\ OE = 100,$$

所以

$$OF = OE\cos\angle EOF = 100\cos 18° \approx 95.11,$$
$$EF = OE\sin\angle EOF = 100\sin 18° \approx 30.90.$$

在 Rt△OGD 中

$$\angle DOG = \frac{72°}{2} = 36°,\ OD = 100,$$

则

$$OG = OD\cos\angle DOG = 100\cos 36° \approx 80.90,$$
$$DG = OD\sin\angle DOG = 100\sin 36° \approx 58.78.$$

因此得 E，D 两点坐标为

$$E（95.11，30.90），D（58.78，-80.90），$$

再利用图形的对称性，可写出 B，C 两点的坐标是

$$B（-95.11，30.90），C（-58.78，-80.90）.$$

例 2-11 车削如图 2-16 所示的工件，请计算 X 的值是多少（精确到 0.01）？

解题思路

作辅助线如图 2-17 所示，显然 $X=AD-AE$. 其中 AD 可通过解 $\mathrm{Rt}\triangle ADC$ 求出，而解 $\mathrm{Rt}\triangle OBA$ 能求得 OA，则 $AE=OA-OE$，因此能确定 X 的值.

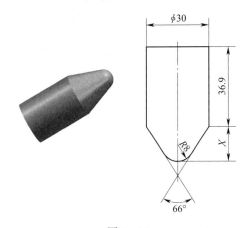

图 2-16

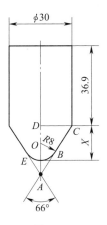

图 2-17

解：作计算图 2-17，在 $\mathrm{Rt}\triangle ADC$ 中

$$\angle CAD=\frac{66°}{2}=33°，\quad CD=\frac{30}{2}=15，$$

所以

$$AD=\frac{CD}{\tan\angle CAD}=\frac{15}{\tan 33°}\approx 23.098.$$

在 $\mathrm{Rt}\triangle OBA$ 中

$$\angle OAB=\frac{66°}{2}=33°，\quad OB=8，$$

所以

$$OA=\frac{OB}{\sin\angle OAB}=\frac{8}{\sin 33°}\approx 14.689，$$

则

$$AE=OA-OE=14.689-8=6.689，$$

那么

$$X=AD-AE=23.098-6.689\approx 16.41.$$

例 2-12 欲加工如图 2-18 所示的一块型板，下料和加工测量时需计算 H 值. 试根据图示尺寸计算 H.

解题思路

根据图形的几何关系和所给尺寸，作计算图如图 2-19 所示. 但还需作适当的辅助线使得 $DF\perp AC$，$OG\perp AC$，其

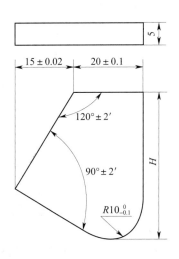

图 2-18

中 F，G 为垂足，如图 2-20 所示. 这样就将 H 值的计算转化为直角三角形边的计算.

解：作计算图如图 2-20 所示.

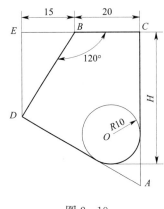

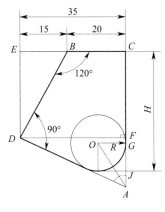

图 2-19   图 2-20

在 Rt△ DFA 中

$$DF = 15 + 20 = 35,$$
$$\angle DAF = 180° - 120° = 60°,$$

所以

$$FA = DF \cot \angle DAF$$
$$= 35 \cot 60° \approx 20.207.$$

在 Rt△ BED 中

$$EB = 15，\quad \angle BDE = 90° - 60° = 30°,$$

所以

$$DE = EB \cot \angle BDE$$
$$= 15 \cot 30° \approx 25.981$$
$$= CF.$$

在 Rt△ OAG 中

$$OG = R = 10，\quad \angle GAO = \frac{1}{2} \angle DAF = 30°,$$

所以

$$GA = OG \cot \angle GAO$$
$$= 10 \cot 30° \approx 17.321,$$

所以

$$H = CF + FG + GJ = CF + (FA - GA) + R$$
$$= 25.981 + (20.207 - 17.321) + 10 \approx 38.87.$$

> **• 思考**
> 由图 2-19 可作出不同于图 2-20 的辅助线，也可计算出 H 的值，请同学们自己试做.

例 2-13 在数控机床上加工零件，已知编程用轮廓尺寸如图 2-21 所示，试计算切点 B 相对于点 A 的水平和垂直距离.

解题思路

过点 A，B 分别作竖直直线和水平线，交点为 J，得直角三角形 AJB，BJ，AJ 就是点 B 相对于点 A 的水平距离和垂直距离（见图 2-22）. 因为 $\angle ABJ = 30°$，所以只要知道 AB 的值

就能计算出 BJ，AJ 的结果. 为此，根据图 2-21 所示尺寸及几何关系，作水平辅助线 HA，它与轮廓线的交点是 H；延长 AB 交轮廓线于点 C，再连接 FB，FC，FD，则 $AB = AC - BC$，显然通过直角三角形的计算就可解决问题.

解： 根据零件轮廓尺寸图作出计算分析图，如图 2-22 所示.

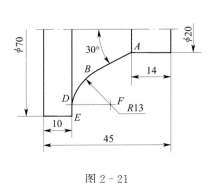

图 2-21

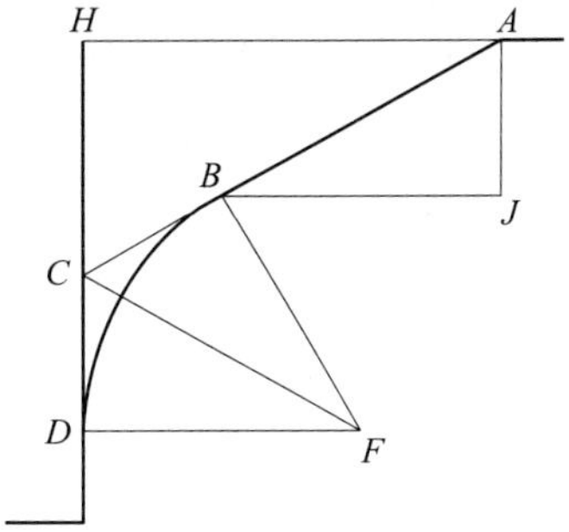

图 2-22

在 Rt$\triangle AHC$ 中

$$HA = 45 - 10 - 14 = 21,$$
$$\angle CAH = 30°,$$

所以

$$AC = \frac{HA}{\cos\angle CAH}$$
$$= \frac{21}{\cos 30°} \approx 24.249.$$

在 Rt$\triangle CDF$ 中

$$DF = R = 13,$$
$$\angle CFD = \frac{1}{2}\angle BFD = \frac{1}{2}\angle HCA = \frac{1}{2} \times 60° = 30°,$$

所以

$$CD = BC = DF\tan\angle CFD = 13\tan 30°$$
$$\approx 7.506.$$

在 Rt$\triangle AJB$ 中

$$AB = AC - BC = 24.249 - 7.506 = 16.743,$$
$$\angle ABJ = \angle CAH = 30°,$$

所以

$$BJ = AB\cos\angle ABJ$$
$$= 16.743\cos 30°$$
$$\approx 14.50,$$
$$AJ = AB\sin\angle ABJ$$
$$= 16.743\sin 30°$$
$$\approx 8.37.$$

即切点 B 相对点 A 的水平和垂直距离分别是 14.50 mm、8.37 mm.

> **• 思考**
> 为什么 $CD=BC$？

> **• 思考**
> 请同学们试求点 D 相对于点 B 的距离.

例 2-14 加工如图 2-23 所示的零件时，要先计算出圆心 O 相对于点 A 的距离. 试计算点 O 相对点 A 的水平距离和垂直距离.

解题思路

此题仍然要利用直角三角形的计算完成. 作计算图如图 2-24 所示，由已知条件和几何关系，$Rt\triangle OFB$ 的一个锐角 $\angle OBF$ 和斜边 OB 可求，则解 $Rt\triangle OFB$ 得 OF，BF，所以水平距离 $AG=AE+EG=AE+OF$，垂直距离 $OG=BE-BF$ 可求.

解： 作计算图如图 2-24 所示.

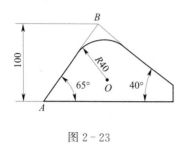

图 2-23

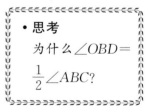

图 2-24

在 $Rt\triangle AEB$ 中

$$BE = 100 , \quad \angle BAE = 65°,$$

所以

$$\angle ABE = 25°,$$
$$AE = BE\cot\angle BAE$$
$$= 100\cot 65° \approx 46.631.$$

因为

$$\angle C = 40°,$$

所以

$$\angle OBD = \angle OBA \frac{1}{2}\angle ABC$$
$$= \frac{1}{2}(180° - 65° - 40°) = 37.5°,$$

则

$$\angle OBF = 37.5° - 25° = 12.5°.$$

因为

$$OD = R = 40,$$

所以

$$OB = \frac{OD}{\sin\angle OBD}$$
$$= \frac{40}{\sin 37.5°} \approx 65.707,$$

因此

$$OF = OB\sin\angle OBF$$
$$= 65.707\sin 12.5° \approx 14.222 = EG,$$
$$BF = OB\cos\angle OBF$$
$$= 65.707\cos 12.5° \approx 64.149,$$

> **• 思考**
>
> 为什么 $\angle OBD = \frac{1}{2}\angle ABC$?

所以

$$AG = AE + EG = 46.631 + 14.222 \approx 60.85,$$

$$OG = EF = BE - BF = 100 - 64.149 \approx 35.85.$$

即圆心 O 相对于点 A 的水平和垂直距离分别是 60.85 mm、35.85 mm.

课 后 习 题

1. 精度要求较高和数量较多的圆锥体一般可用靠模装置加工，其加工的基本原理如图 $2-25$ 所示. 使用时，只需转动靠模板即可. 有些靠模的转动量不是以角度表示的，而是用偏移尺寸来表示. 计算公式为：

$$K = \frac{H(D-d)}{2L},$$

或

$$K = \frac{HC}{2},$$

式中　K——靠模板偏移量（mm）；

H——靠模板回转中心与端部之间的距离（mm）；

D——圆锥大端直径（mm）；

d——圆锥小端直径（mm）；

L——圆锥长度（mm）；

C——锥度 $\left(C = \dfrac{D-d}{L}\right)$.

试推导计算公式.

2. 用量块和圆柱测量圆锥半角，如图 $2-26$ 所示，计算公式如下：

$$\tan\frac{\alpha}{2} = \frac{M-C}{2l},$$

式中　$\dfrac{\alpha}{2}$——圆锥半角（°）；

M——千分尺在上端量得的尺寸（mm）；

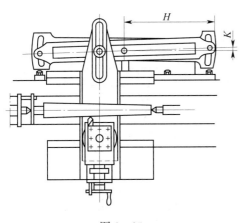

图 $2-25$

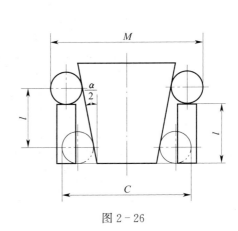

图 $2-26$

C——千分尺在下端量得的尺寸（mm）；

l——量块的高度（mm）.

（1）试推导此公式；

（2）若已知 $C=38.2$ mm，$M=43.2$ mm，$l=50$ mm，求 $\dfrac{\alpha}{2}$.

3. 图 2-27 所示为交叉式平带传动，带长的计算公式为 $L=2a+\dfrac{\pi}{2}(D+d)+\dfrac{(D+d)^2}{4a}$.
试推导此公式.

4. 如图 2-28 所示为一带燕尾的滑块. 加工中，燕尾的尺寸通常采用间接测量的方法得到，即在燕尾的两侧各放一根量棒，用千分尺测量 H 的值. 若选用直径 $d=10$ mm 的量棒，试根据尺寸计算 H 的值.

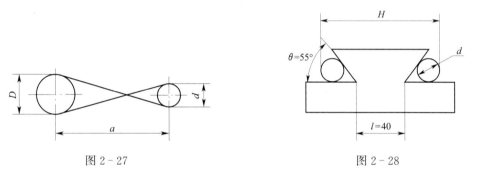

图 2-27　　　　　　　　　　　　　　　图 2-28

5. 利用已知直径的钢球间接测量圆锥孔的圆锥半角时可用图 2-29 所示的方法，即先把小钢球放入圆锥孔中，用深度百分表测得 H，取出小钢球后，再放入大钢球，测得深度 h. 其圆锥半角的计算公式为：

$$\sin\frac{\alpha}{2}=\frac{D-d}{2\,(H-h)\,-\,(D-d)}.$$

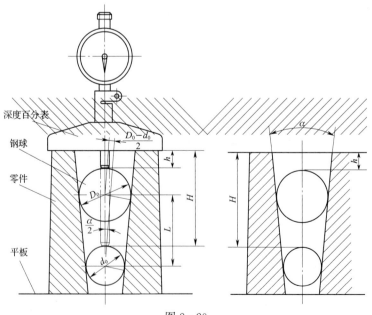

图 2-29

（1）试推导此公式；

（2）假设两个钢球的直径分别为 $d=10$ mm、$D=14$ mm，测得的深度 $H=30$ mm、$h=2$ mm，求圆锥角 α 的大小.

6. 工厂在生产薄板型的产品时，往往要对在传动过程中的薄板做动态切割，如玻璃薄板、钢薄板等，现在已知某玻璃厂成型流水线上玻璃的传进速度是 2 m/s，切割玻璃的切割刀的速度是 4 m/s，如图 2-30 所示，要使在运动中切割的玻璃线与边线保持垂直，切割刀的行进方向应与玻璃的边线成多少度角？

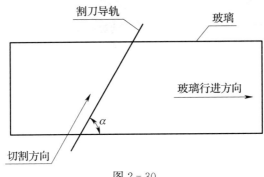

图 2-30

7. 某车间要利用普通铣床在 400 mm 的工件上铣削出一个斜面，如图 2-31 所示. 加工方法是将工件一侧在工作台上垫高，使工件与工作台斜交，然后利用铣刀铣削出这个斜面. 试求在工件一侧需垫高多少才能完成加工任务.

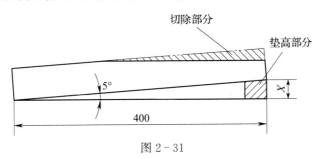

图 2-31

8. 如图 2-32 所示，要将一块直角边分别是 60 mm 和 80 mm 的三角形钢板切割成一个正方形. 请计算正方形 $ABCD$ 的边长.

9. 某定制的带轮如图 2-33 所示，为方便定制传动带，请求出角度 α 的大小.

10. 某零件如图 2-34 所示，试根据图示尺寸求 x 与 y 的值.

11. 某零件如图 2-35 所示，试根据图示尺寸求 a 与 b 的值.

12. 某零件如图 2-36 所示，若已知 B，L，R，试求 β 角.

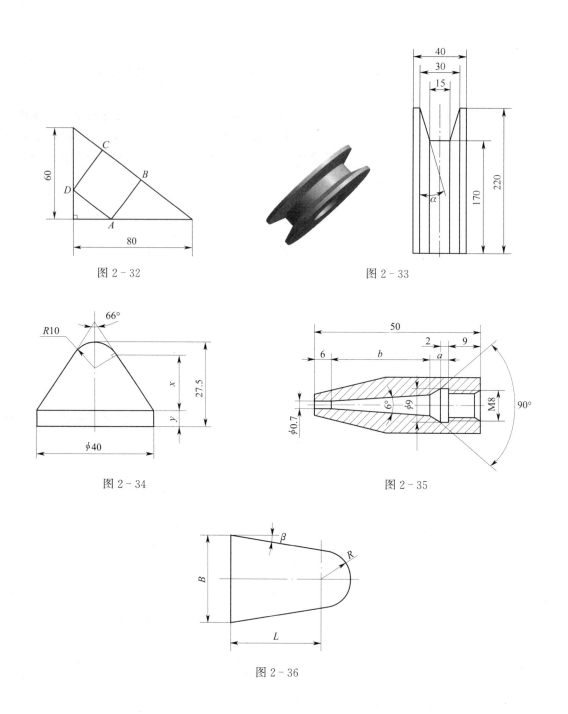

图 2 - 32

图 2 - 33

图 2 - 34

图 2 - 35

图 2 - 36

§2-2 正弦定理和余弦定理的应用

应用直角三角形边角关系解决三角问题有局限性,如一些特殊形状的零件.它们的形状较为复杂,加工及检测有一定的难度,在工艺计算中,计算图和辅助线较为复杂,需要运用一定的技巧.此时,正弦定理和余弦定理就能充分发挥其重要作用.正弦定理和余弦定理的内容及应用可参看下表.

图形	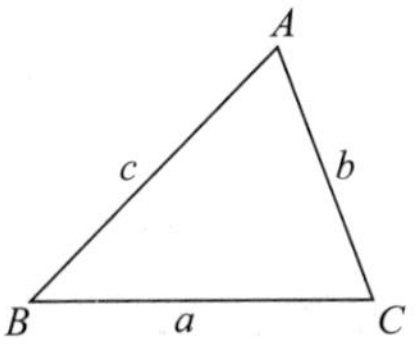
正弦定理	三角形中，各边和它所对角的正弦的比相等，且等于外接圆半径的二倍
公式形式	$\dfrac{a}{\sin A}=\dfrac{b}{\sin B}=\dfrac{c}{\sin C}=2R$
应用	已知三角形的两角和一边，求其他元素
	已知三角形的两边和其中一边的对角，求其他元素
余弦定理	三角形任何一边的平方等于另两边的平方和减去这两边与它们夹角余弦的乘积的二倍
公式形式	$a^2=b^2+c^2-2bc\cos A \qquad \cos A=\dfrac{b^2+c^2-a^2}{2bc}$ $b^2=a^2+c^2-2ac\cos B \qquad \cos B=\dfrac{a^2+c^2-b^2}{2ac}$ $c^2=a^2+b^2-2ab\cos C \qquad \cos C=\dfrac{a^2+b^2-c^2}{2ab}$
应用	已知三角形的三边，求其他元素
	已知三角形的两边和夹角，求其他元素

例 2 - 15 在△ABC中，已知 $a=8$ mm，$b=12$ mm，$\angle A=20°$，求$\angle B$，$\angle C$ 及边长 c.

解：由正弦定理

$$\frac{a}{\sin A}=\frac{b}{\sin B},$$

得

$$\sin B=\frac{b\sin A}{a}=\frac{12\times\sin 20°}{8}\approx 0.513.$$

因为 $\sin B$ 是正值，所以$\angle B$可以是锐角，也可以是钝角.

（1）当$\angle B$为锐角时，得

$$\angle B\approx 30°52',$$
$$\angle C=180°-\angle A-\angle B=180°-20°-30°52'=129°8',$$

由正弦定理得

$$c=\frac{a\sin C}{\sin A}=\frac{8\sin 129°8'}{\sin 20°}\approx 18.14 \text{（mm）}.$$

（2）当$\angle B$为钝角时，得

$$\angle B=180°-30°52'=149°8',$$
$$\angle C=180°-\angle A-\angle B=180°-20°-149°8'=10°52',$$

由正弦定理得

$$c=\frac{a\sin C}{\sin A}=\frac{8\sin 10°52'}{\sin 20°}\approx 4.41 \text{（mm）}.$$

下面我们通过例题来介绍特形零件加工和检测中的三角函数计算.

例 2 - 16 车削如图 2 - 37 所示的端面圆头，试根据图示尺寸计算出锥形部分小端直径

d 和圆头高度 t.

解题思路

从图 2-37 中可以看出

$$d = 2AB，\quad t = R - AO.$$

要知道 AB 和 AO，需求出 $\angle AOB$，而 $\angle AOB$ 与 $\angle BOC$ 互余，因此需要解 $\triangle BOC$.

解：如图 2-37 所示，在 $\triangle BOC$ 中

$$\angle C = 85°，\ OC = \frac{38}{2} = 19，\ OB = 24.$$

由正弦定理得

$$\frac{OB}{\sin\angle C} = \frac{OC}{\sin\angle OBC},$$

即

$$\frac{24}{\sin 85°} = \frac{19}{\sin\angle OBC},$$

所以

$$\sin\angle OBC = \frac{19 \times \sin 85°}{24} \approx 0.789.$$

于是

$$\angle OBC \approx 52°5',$$

所以

$$\angle BOC = 180° - 85° - 52°5' = 42°55',$$

则

$$\angle AOB = 90° - 42°55' = 47°5'.$$

在 Rt$\triangle OAB$ 中

$$AB = OB\sin\angle AOB$$
$$= 24\sin 47°5'$$
$$\approx 17.576,$$
$$AO = OB\cos\angle AOB$$
$$= 24\cos 47°5'$$
$$\approx 16.342,$$

所以

$$d = 2AB = 2 \times 17.576 \approx 35.15 \ (\text{mm}),$$
$$t = R - AO = 24 - AO = 24 - 16.342 \approx 7.66 \ (\text{mm}).$$

即锥形部分小端直径 d 为 35.15 mm，圆头高度 t 为 7.66 mm.

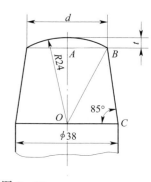

图 2-37

例 2-17 如图 2-38 所示为一曲柄连杆机构，当曲柄 CB 绕 C 点旋转时，通过连杆 AB 的传递，活塞做往复直线运动. 当曲柄在 CB_0 位置时，曲柄和连杆成一条直线，连杆的点 A 在 A_0 处. 若连杆 AB 长为 340 mm，曲柄 CB 长为 85 mm，曲柄自 CB_0 按顺时针方向旋转 80°，求活塞移动的距离，即连杆的端点 A 移动的距离 A_0A（精确到 1 mm）.

解题思路

分析曲柄连杆机构的工作原理作计算图 2-39，可知 $A_0A = A_0C - AC$，而 $A_0C = AB + BC = 340 + 85 = 425$ mm，所以只要求出 AC 的长，问题就能解决了. 在 $\triangle ABC$ 中，已知两

边 AB，BC 的长和其中 AB 边的对角，由正弦定理可求得 $\angle BAC$，再利用正弦定理就能求出 AC 了.

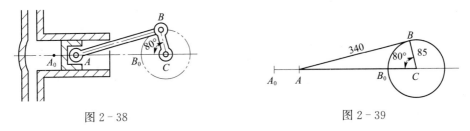

图 2-38　　　　　　　　　　　　图 2-39

解：作计算图 2-39，在 $\triangle ABC$ 中

$$AB=340,\quad BC=85,\quad \angle ACB=80°.$$

由正弦定理得

$$\frac{AB}{\sin\angle ACB}=\frac{BC}{\sin\angle BAC},$$

即

$$\sin\angle BAC=\frac{BC\sin\angle ACB}{AB}=\frac{85\sin 80°}{340}\approx 0.246.$$

因为 $BC<AB$，所以 $\angle BAC$ 为锐角，得

$$\angle BAC\approx 14°14'.$$

所以有

$$\begin{aligned}\angle ABC&=180°-(\angle BAC+\angle ACB)\\&=180°-(14°14'+80°)=85°46'.\end{aligned}$$

再次利用正弦定理得

$$\frac{AC}{\sin\angle ABC}=\frac{AB}{\sin\angle ACB},$$

整理得

$$AC=\frac{AB\sin\angle ABC}{\sin\angle ACB}=\frac{340\sin 85°46'}{\sin 80°}\approx 344.3,$$

所以

$$\begin{aligned}A_0A&=A_0C-AC=(AB+BC)-AC\\&=(340+85)-344.3\\&\approx 81\ (\text{mm}).\end{aligned}$$

因此，活塞移动的距离约为 81 mm.

> **• 思考**
> 为什么 $BC<AB$，$\angle BAC$ 就是锐角？

> **• 思考**
> 能用余弦定理求 AC 吗？请试一试.

例 2-18　试计算图 2-40 中 $R28$ mm 圆弧的圆心 O' 相对于 $R100$ mm 圆弧圆心 O 的水平、垂直距离（点 B 为切点）.

解题思路

连接 $O'O$，作 $O'C\perp OA$，垂足为点 C，得 $\text{Rt}\triangle O'CO$，如图 2-41 所示，直角边 OC，$O'C$ 为所求距离. 因为圆心距 $O'O$ 已知，所以只需知道锐角 $\angle O'OC$ 的值. 根据已知条件和几何关系，再作辅助线：连接 $O'B$，作 $O'D\parallel BA$，交 OA 于点 D，作 $DE\parallel O'B$，交 BA 于点 E. 解 $\triangle O'OD$ 和 $\triangle AED$ 可求得 $\angle O'OC$.

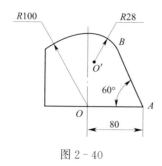

图 2-40

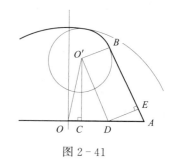

图 2-41

解：作计算图如图 2-41 所示.

因为

$$O'D /\!/ BA，DE /\!/ O'B,$$

所以 $O'BED$ 是平行四边形.

又因为

$$O'B \perp BA \text{ 于 } B，O'B = 28,$$

所以

$$DE = 28，DE \perp BA.$$

由于

$$\angle A = 60°,$$

所以解 Rt△ AED 得

$$\angle EDA = 30°,$$
$$DA = \frac{DE}{\sin\angle A} = \frac{28}{\sin 60°} \approx 32.332,$$

所以

因为

$$OD = OA - DA = 80 - 32.332 = 47.668.$$

$$O'O = 100 - 28 = 72，\angle O'DO = \angle A = 60°,$$

由正弦定理得

$$\frac{O'O}{\sin\angle O'DO} = \frac{OD}{\sin\angle OO'D},$$

即

$$\frac{72}{\sin 60°} = \frac{47.668}{\sin\angle OO'D},$$

所以

$$\sin\angle OO'D \approx 0.573,$$
$$\angle OO'D \approx 34°58',$$

则

$$\angle O'OC = 180° - 60° - 34°58' = 85°2',$$

所以

$$OC = O'O\cos\angle O'OC = 72\cos 85°2' \approx 6.23 \text{ (mm)},$$
$$O'C = O'O\sin\angle O'OC = 72\sin 85°2' \approx 71.73 \text{ (mm)}.$$

即 $R28$ mm 圆弧的圆心 O' 相对于 $R100$ mm 圆弧圆心 O 的水平、垂直距离分别是 6.23 mm

> • 提示
> 两条平行直线被第三条直线所截得的同位角（内错角）相等.

和 71.73 mm.

例 2 – 19 在数控机床上加工如图 2 – 42 所示的零件，试根据图中尺寸计算 $R25$ mm 圆弧的圆心相对于 $R100$ mm 圆弧圆心的水平、垂直距离.

解： 分析零件的几何图形关系和尺寸，作辅助线，得计算图如图 2 – 43 所示. 点 O，O_1 分别是 $R100$ mm、$R25$ mm 圆弧的圆心，$O_1G /\!/ AH$，x，y 分别表示 $R25$ mm 圆弧圆心相对于 $R100$ mm 圆弧圆心的水平、垂直距离.

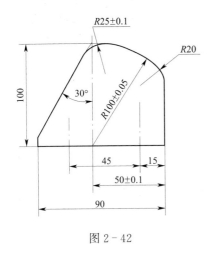

图 2 – 42

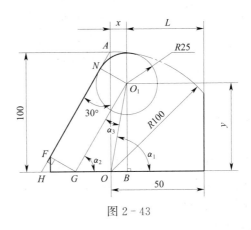

图 2 – 43

从图中关系可以看出

$$OO_1 = 100 - 25 = 75 \text{（两圆内切），}$$

$$GF = O_1N = 25.$$

设所求的水平、垂直距离分别为 x，y. 在 Rt$\triangle AOH$ 中

$$OH = AO\tan 30°$$

$$= 100\tan 30°$$

$$\approx 57.735.$$

在 Rt$\triangle GFH$ 中

$$\angle FGH = \angle HAO = 30°,$$

$$GH = \frac{FG}{\cos 30°} = \frac{25}{\cos 30°} \approx 28.868.$$

在 $\triangle OGO_1$ 中

$$\alpha_2 = \angle FHG = 60°,$$

$$OG = OH - GH$$

$$= 57.735 - 28.868$$

$$= 28.867.$$

用正弦定理得

$$\sin \alpha_3 = \frac{OG}{OO_1}\sin \alpha_2$$

$$= \frac{28.867}{75} \times \sin 60°$$

$$\approx 0.333.$$

从图可看出 α_3 为锐角，所以

$$\alpha_3 \approx 19°27',$$

根据三角形外角定理

$$\alpha_1 = \alpha_2 + \alpha_3$$
$$= 60° + 19°27'$$
$$= 79°27'.$$

在 Rt$\triangle OBO_1$ 中

$$x = OO_1 \cos \alpha_1$$
$$= 75\cos 79°27'$$
$$\approx 13.73 \text{（mm）},$$
$$y = OO_1 \sin \alpha_1$$
$$= 75\sin 79°27'$$
$$\approx 73.73 \text{（mm）}.$$

• 提示

三角形外角定理：三角形一个外角等于与其不相邻的两个内角之和.

即计算得 $R25$ mm 圆弧圆心相对于 $R100$ mm 圆弧圆心的水平和垂直距离分别为 13.73 mm 和 73.73 mm.

例 2-20 利用三爪自定心卡盘装夹偏心零件时，当偏心距较小（$e \leqslant 5$ mm）时，需在其中任意一爪夹头上垫一定厚度的垫块，如图 2-44 所示. 若偏心零件直径为 D，偏心距为 e，试求垫块厚度 H.

解题思路

由于三爪自定心卡盘的三个卡爪是径向同步运动的，每爪相隔 $120°$，在车削偏心零件时垫块的厚度并不等于偏心距. 从图 2-44 可知

$$OO_1 = e, \quad OA = OB, \quad O_1A = O_1E = R = \frac{D}{2},$$
$$H = OB + OO_1 - O_1E$$
$$= OA + e - R$$
$$= OA + e - \frac{D}{2},$$

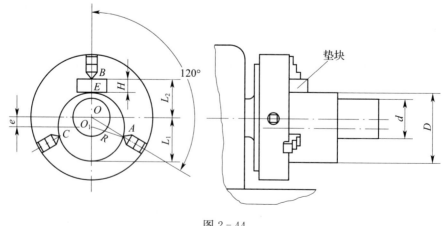

图 2-44

其中 OA 与 e 的关系可以从解斜 $\triangle AOO_1$ 得到.

解： 在 $\triangle AOO_1$ 中

$$\angle AOO_1 = 180° - 120° = 60°,$$

$$OO_1 = e, \ O_1A = R = \frac{D}{2},$$

由余弦定理得

$$O_1A^2 = OA^2 + O_1O^2 - 2OA \cdot O_1O\cos 60°,$$

即

$$R^2 = OA^2 + e^2 - 2OA \cdot e\cos 60°$$
$$= OA^2 + e^2 - OA \cdot e,$$

所以

$$OA^2 - e \cdot OA + (e^2 - R^2) = 0,$$

则

$$OA = \frac{e \pm \sqrt{e^2 - 4(e^2 - R^2)}}{2}$$
$$= \frac{e \pm \sqrt{4R^2 - 3e^2}}{2}$$
$$= \frac{e \pm \sqrt{4D^2 - 3e^2}}{2}.$$

由于 $D > e$，所以

$$OA = \frac{e + \sqrt{4D^2 - 3e^2}}{2},$$

于是

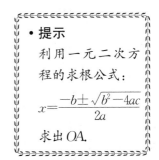

$$H = OB + OO_1 - O_1E$$
$$= OA + OO_1 - O_1A$$
$$= \frac{e + \sqrt{4D^2 - 3e^2}}{2} + e - \frac{D}{2}$$
$$= 1.5e + 0.5(\sqrt{4D^2 - 3e^2} - D),$$

• 提示
利用一元二次方程的求根公式：
$$x = \frac{-b \pm \sqrt{b^2 - 4ac}}{2a}$$
求出 OA.

即垫块厚度 H 为 $1.5e + 0.5(\sqrt{4D^2 - 3e^2} - D)$.

当偏心距很小，即 $D \gg e$ 时，$H \approx 1.5e$.

◎ **专业知识链接**

在三爪自定心卡盘上装夹偏心工件时，由于卡爪与工件表面接触位置有偏差，加上垫块夹紧后的变形，用上面的公式计算出来的 H 还不够精确，一般只适用于加工精度要求不高的工件. 如果工件的加工精度要求较高，那么还需要加上一个修正系数，即

$$H_实 = H + 1.4\Delta e,$$

式中　　$H_实$——实际垫片厚度（mm）；

　　　　H——计算得到的垫块厚度（mm）；

　　　　Δe——车削后偏心距的误差（mm）.

例 2 - 21　加工如图 2 - 45 所示的箱体孔时，先镗好 A，B 两孔，然后镗 C 孔，但必须计算出 BE 和 CE 两个尺寸，以便根据这两个尺寸来调整工件的坐标位置，然后进行加工. 试根据图 2 - 46 中的数据求值.

图 2 - 45

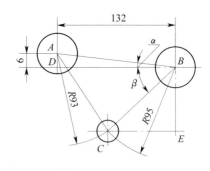

图 2 - 46

解题思路

由图 2 - 46 可知，BC 已知，只要知道 $\angle BCE$，解 Rt$\triangle BEC$ 就可计算出两直角边 BE 和 CE. 而 $\angle BCE$ 与 $\angle ABC$，α，β 有关，所以就转换成解 $\triangle ABC$，$\triangle ABD$ 的问题.

解：由图 2 - 46 可知，在 Rt$\triangle ABD$ 中

$$AD = 6，BD = 132，$$

所以

$$AB = \sqrt{AD^2 + BD^2}$$
$$= \sqrt{6^2 + 132^2} \approx 132.136，$$
$$\tan \alpha = \frac{AD}{BD} = \frac{6}{132} \approx 0.045，$$

所以

$$\alpha \approx 2°35'.$$

在 $\triangle ABC$ 中

$$AC = 93，BC = 95，AB = 132.136，$$

由余弦定理得

$$\cos \angle ABC = \frac{BC^2 + AB^2 - AC^2}{2AB \times BC}$$
$$= \frac{95^2 + 132.136^2 - 93^2}{2 \times 132.136 \times 95}$$
$$\approx 0.710，$$

所以

$$\angle ABC \approx 44°46'，$$

则

$$\beta = \angle ABC - \alpha$$
$$= 44°46' - 2°35' = 42°11'.$$

在 Rt$\triangle BCE$ 中

$$\angle BCE = \beta = 42°11',$$

所以

$$CE = BC\cos 42°11'$$
$$= 95\cos 42°11' \approx 70.39 \text{ (mm)},$$
$$BE = BC\sin 42°11'$$
$$= 95\sin 42°11' \approx 63.79 \text{ (mm)}.$$

所以只要工件垂直移动 63.79 mm，水平移动 70.39 mm 即可加工 C 孔.

例 2 - 22　一块直径为 300 cm 的圆形铁板上已经裁去了直径分别为 200 cm、100 cm 的圆形铁板各一块，现要在剩余铁板的图示阴影位置再裁出同样大小的圆形铁板两块，如图 2 - 47 所示，求这两块铁板的半径最大是多少？

解：分析题意作计算图如图 2 - 48 所示，其中圆 A 与圆 D 外切，要裁出的同样大小的圆形铁板圆 B 和圆 C 都与圆 A 和圆 D 外切，并且所有圆均与圆 O 内切.

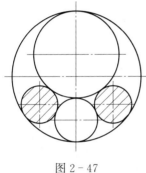

图 2 - 47

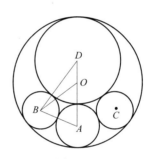

图 2 - 48

设将要裁出的铁板圆 B 与圆 C 的半径为 r cm，根据相切圆的性质，可得

$$AD = \frac{200}{2} + \frac{100}{2} = 150,$$

$$OD = \frac{300}{2} - \frac{200}{2} = 50,$$

$$BD = \frac{200}{2} + r = 100 + r,$$

$$AB = \frac{100}{2} + r = 50 + r,$$

$$OB = \frac{300}{2} - r = 150 - r.$$

在三角形 DBO 中，由余弦定理得

$$\cos\angle BDO = \frac{BD^2 + OD^2 - OB^2}{2BD \times OD} = \frac{(100+r)^2 + 50^2 - (150-r)^2}{2(100+r) \times 50} = \frac{5r - 100}{100 + r},$$

在三角形 DAB 中，由余弦定理得

$$\cos\angle BDA = \frac{BD^2 + AD^2 - AB^2}{2BD \times AD} = \frac{(100+r)^2 + 150^2 - (50+r)^2}{2(100+r) \times 150} = \frac{r + 300}{3r + 300},$$

则

$$\frac{5r - 100}{r + 100} = \frac{r + 300}{3r + 300}.$$

解得

$$r_1 = \frac{300}{7} \quad \text{或} \quad r_2 = -100 \,(\text{舍}).$$

所以在剩余的铁板中还可裁出两块半径最大均为 $\frac{300}{7}$ cm 的圆形铁板.

例 2 - 23 某腔形零件如图 2 - 49 所示，试根据图示尺寸，计算 $R5$ mm 圆弧和 $R11$ mm 圆弧的圆心相对于 $R85$ mm 圆弧圆心的水平及垂直距离（计算时不考虑尺寸公差）.

解： 根据零件的几何形体及加工要求，可以作出如图 2 - 50 所示的计算关系图. 其中点 O，O_1，O_2 分别是 $R85$ mm，$R11$ mm，$R5$ mm 圆弧的圆心，x_1，y_1 和 x_2，y_2 表示 $R11$ mm 和 $R5$ mm 圆弧圆心相对于 $R85$ mm 圆弧圆心的距离. 因为 $R5$ mm 和 $R11$ mm 圆弧分别是 $R85$ mm 圆弧的内切圆，所以由图示尺寸可得

$$OO_1 = 85 - 11 = 74,$$
$$OO_2 = 85 - 5 = 80,$$
$$O_2A = 46 - 11 - 5 = 30,$$
$$O_1A = 28 - 11 - 5 = 12.$$

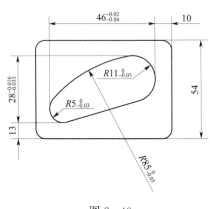

图 2 - 49

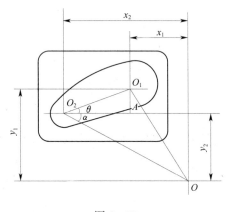

图 2 - 50

在 $\text{Rt}\triangle O_1O_2A$ 中

$$O_1O_2 = \sqrt{O_1A^2 + O_2A^2}$$
$$= \sqrt{12^2 + 30^2}$$
$$\approx 32.31,$$
$$\tan\theta = \frac{O_1A}{O_2A} = \frac{12}{30} = 0.4,$$

所以

$$\theta \approx 21°48'.$$

在 $\triangle OO_1O_2$ 中，应用余弦定理得

$$\cos(\alpha + \theta) = \frac{O_1O_2^2 + OO_2^2 - OO_1^2}{2O_1O_2 \times OO_2} = \frac{32.31^2 + 80^2 - 74^2}{2 \times 32.31 \times 80}$$
$$\approx 0.381,$$

所以

$$\alpha + \theta \approx 67°36'.$$

于是

$$\alpha = 67°36' - \theta$$
$$= 67°36' - 21°48'$$
$$= 45°48',$$

则

$$x_2 = OO_2 \cos \alpha$$
$$= 80\cos 45°48'$$
$$\approx 55.77 \ (\text{mm}),$$
$$y_2 = OO_2 \sin \alpha$$
$$= 80\sin 45°48'$$
$$\approx 57.35 \ (\text{mm}).$$

因为

$$x_1 = x_2 - O_2 A, \quad O_2 A = 30.$$

所以

$$x_1 = 55.77 - 30 = 25.77 \ (\text{mm}).$$

因为

$$y_1 = y_2 + O_1 A, \quad O_1 A = 12.$$

所以

$$y_1 = 57.35 + 12 = 69.35 \ (\text{mm}).$$

即求得 $R5$ mm 圆弧、$R11$ mm 圆弧的圆心相对于 $R85$ mm 圆弧圆心的水平和垂直距离分别为 55.77 mm、57.35 mm 和 25.77 mm、69.35 mm.

综合本节例题可知：零件的投影图都是由直线段和圆弧组成的平面图形. 这些图形上角度和线段长度的计算通常都可以化为求解三角形的边角关系问题，即三角函数计算法.

用三角函数计算法解题的步骤如下：

1. 根据加工要求对零件图形进行工艺分析，确定所需计算的角度和长度.

2. 对零件图形进行几何分析，明确几何关系.

3. 作出一个或几个包含已知与未知的可解三角形的计算图，这是解决问题的关键. 一些简单图形的计算图比较容易得到，对一些较复杂的图形，需作一些辅助线才能得到计算图. 作辅助线时，除了要重视特殊点（交点、切点、圆心等），还应注意平面几何的一些基本常识，如平移、平行、垂直、相切等.

课 后 习 题

1. 某零件如图 2-51 所示，试根据图示尺寸求 A 孔的坐标.

2. 加工如图 2-52 所示零件的缺口 $\overset{\frown}{AB}$ 时，需计算 AB 弦的长度，试根据图示尺寸求 AB.

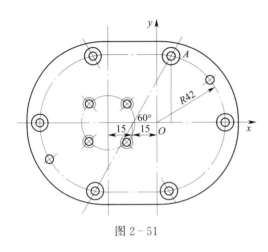

图 2-51

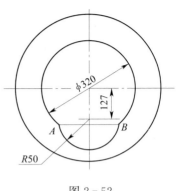

图 2-52

3. 图 2-53 所示为应用曲柄摇块机构的自卸式卡车. 车厢相当于曲柄可绕车架上的 A 点转动, 活塞杆相当于连杆, 液压缸相当于摇块, 可绕车架上的 C 点摆动. 当液压缸中的液压油推动活塞杆运动时, 迫使车厢绕 A 点转动, 实现自动卸货. 现要求车厢的最大仰角是 45°, 此时 AC 与水平线之间的夹角为 10°, 液压泵顶点 C 与车厢支点 A 的距离是 1.95 m, 点 A 与点 B 间的距离是 1.40 m, 液压泵顶杆 BC 长应为多少?

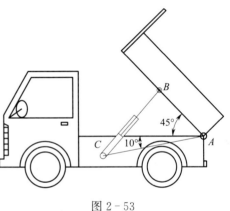

图 2-53

4. 一块板材上有三个孔需要加工, 如图 2-54 所示. 已知 AB 两孔间的距离是 320 mm, BC 两孔间的距离是 180 mm, AC 两孔间的距离是 420 mm. 如果选取 A 点为坐标原点, 试求 B, C 两点在图 2-55 所示坐标系下的坐标值 (精确到 0.1).

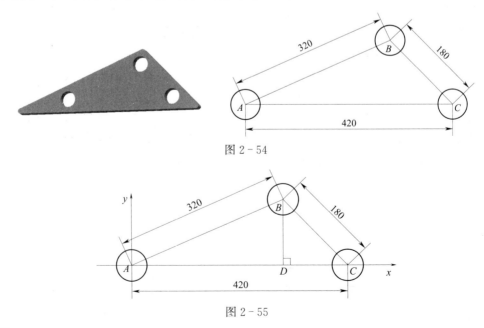

图 2-54

图 2-55

5. 如图 2－56 所示为多孔工件，从标注的尺寸可以看出，这些孔位是以底面 OM 和垂直侧面 OP 为基准的，加工时必须将孔距尺寸换算成坐标尺寸，才能根据这些坐标尺寸来调整工件的位置进行加工．试根据图中数值计算 A，B，C，D 点的坐标．

6. 要加工如图 2－57 所示的零件，试根据图示尺寸求 R35 mm 圆弧的圆心相对于点 A 的距离．

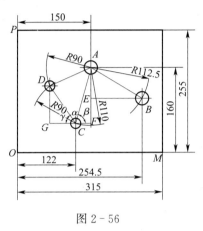

图 2－56

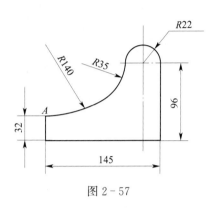

图 2－57

§2－3　三角函数的常用公式及应用

除了前面两节讲过的三角函数公式及应用，还有更多的三角函数公式在解决实际问题中扮演着不可或缺的角色．

一、度与弧度的换算

	角　度　制	弧　度　制
含义	以度、分、秒为单位度量角的制度	以弧度为单位度量角的制度
表示方法	1 度＝1°	1 弧度＝1 rad
换算	$1°＝\dfrac{\pi}{180}$ rad≈0.017 45 rad	$1\ \text{rad}＝\left(\dfrac{180}{\pi}\right)°≈57.3°$
应用		弧长公式：$l＝r\lvert\alpha\rvert$，其中 r 为圆的半径，α 为弧长所对圆心角的弧度

例 2-24 把下列各角用弧度制表示:

(1) $135°$;   (2) $65°30'$;   (3) $9°$;   (4) $-300°$.

解: (1) $135° = 135 \times \dfrac{\pi}{180} = \dfrac{3\pi}{4}$.

(2) $65°30' = 65.5° = \dfrac{131}{2} \times \dfrac{\pi}{180} = \dfrac{131\pi}{360}$.

(3) $9° = 9 \times \dfrac{\pi}{180} = \dfrac{\pi}{20}$.

(4) $-300° = -300 \times \dfrac{\pi}{180} = -\dfrac{5\pi}{3}$.

例 2-25 把下列各角用角度制表示:

(1) $-\dfrac{7\pi}{12}$;   (2) 5;   (3) 1.4;

解: (1) $-\dfrac{7\pi}{12} = \dfrac{7\pi}{12} \times \left(\dfrac{180}{\pi}\right)° = -105°$.

(2) $5 \approx 5 \times 57.3° = 286.5°$.

(3) $1.4 \approx 1.4 \times 57.3° = 80.22°$.

实际应用时,利用(手机)计算器能更快、更准地进行度与弧度的换算. 下面通过例题来演示如何使用计算器进行度与弧度的转换.

例 2-26 用计算器把下列各角化为弧度(保留 4 位有效数字):

(1) $60°$;   (2) $-200°$;   (3) $100°16'$.

解:

题 目	计 算 过 程	显 示 结 果
(1) $60°$	60 ×̄ π̄ ÷̄ 180 =̄	1.047 197 551 1
(2) $-200°$	−̄ 200 ×̄ π̄ ÷̄ 180 =̄	−3.490 658 503
(3) $100°16'$	100 +̄ 16 ÷̄ 60 =̄ ×̄ π̄ ÷̄ 180 =̄	1.749 983 463 3

则 (1) $60° \approx 1.047$; (2) $-200° \approx -3.491$; (3) $100°16' \approx 1.750$.

例 2-27 用计算器把下列各角由弧度化为度(保留 4 位有效数字):

(1) 6;   (2) $\dfrac{\pi}{7}$;   (3) -2.5.

解:

题 目	计 算 过 程	显 示 结 果
(1) 6	6 ×̄ 180 ÷̄ π̄ =̄	343.774 677 07
(2) $\dfrac{\pi}{7}$	180 ÷̄ 7 =̄	25.714 285 714
(3) -2.5	−̄ 2.5 ×̄ 180 ÷̄ π̄ =̄	−143.239 448 7

> **• 提示**
> 此处只介绍一种型号的计算器的计算过程. 在使用不同(手机)计算器时,请详细阅读说明书.

所以 （1）$6 \approx 343.8°$；（2）$\frac{\pi}{7} \approx 25.71°$；（3）$-2.5 \approx -143.2°$.

二、同角三角函数的基本关系式

平方关系	$\sin^2\alpha + \cos^2\alpha = 1 \Rightarrow \begin{cases} \sin^2\alpha = 1 - \cos^2\alpha \Rightarrow \sin\alpha = \pm\sqrt{1-\cos^2\alpha} \\ \cos^2\alpha = 1 - \sin^2\alpha \Rightarrow \cos\alpha = \pm\sqrt{1-\sin^2\alpha} \end{cases}$ $(\alpha \in \mathbf{R})$
商数关系	$\tan\alpha = \dfrac{\sin\alpha}{\cos\alpha} \Rightarrow \begin{cases} \sin\alpha = \cos\alpha\tan\alpha \\ \cos\alpha = \dfrac{\sin\alpha}{\tan\alpha} \end{cases}$ $(\alpha \neq k\pi + \dfrac{\pi}{2},\ k \in \mathbf{Z})$
用途	借助同角三角函数的基本关系式，可以由一个角的某个三角函数值求出其他的三角函数值，还可以化简同角的三角函数式

三、诱导公式

角	角 度 制	弧 度 制
$-\alpha$ （公式一）	$\sin(-\alpha) = -\sin\alpha$ $\cos(-\alpha) = \cos\alpha$ $\tan(-\alpha) = -\tan\alpha$	$\sin(-\alpha) = -\sin\alpha$ $\cos(-\alpha) = \cos\alpha$ $\tan(-\alpha) = -\tan\alpha$
$k \cdot 360° + \alpha / 2k\pi + \alpha\ (k \in \mathbf{Z})$ （公式二）	$\sin(k \cdot 360° + \alpha) = \sin\alpha$ $\cos(k \cdot 360° + \alpha) = \cos\alpha$ $\tan(k \cdot 360° + \alpha) = \tan\alpha$	$\sin(2k\pi + \alpha) = \sin\alpha$ $\cos(2k\pi + \alpha) = \cos\alpha$ $\tan(2k\pi + \alpha) = \tan\alpha$
$180° - \alpha / \pi - \alpha$ （公式三）	$\sin(180° - \alpha) = \sin\alpha$ $\cos(180° - \alpha) = -\cos\alpha$ $\tan(180° - \alpha) = -\tan\alpha$	$\sin(\pi - \alpha) = \sin\alpha$ $\cos(\pi - \alpha) = -\cos\alpha$ $\tan(\pi - \alpha) = -\tan\alpha$
$180° + \alpha / \pi + \alpha$ （公式四）	$\sin(180° + \alpha) = -\sin\alpha$ $\cos(180° + \alpha) = -\cos\alpha$ $\tan(180° + \alpha) = \tan\alpha$	$\sin(\pi + \alpha) = -\sin\alpha$ $\cos(\pi + \alpha) = -\cos\alpha$ $\tan(\pi + \alpha) = \tan\alpha$
$360° - \alpha / 2\pi - \alpha$ （公式五）	$\sin(360° - \alpha) = -\sin\alpha$ $\cos(360° - \alpha) = \cos\alpha$ $\tan(360° - \alpha) = -\tan\alpha$	$\sin(2\pi - \alpha) = -\sin\alpha$ $\cos(2\pi - \alpha) = \cos\alpha$ $\tan(2\pi - \alpha) = -\tan\alpha$

角	角 度 制	弧 度 制
$90°-\alpha\,/\,\dfrac{\pi}{2}-\alpha$ （公式六）	$\sin\,(90°-\alpha)=\cos\alpha$ $\cos\,(90°-\alpha)=\sin\alpha$ $\tan\,(90°-\alpha)=\dfrac{1}{\tan\alpha}$	$\sin\left(\dfrac{\pi}{2}-\alpha\right)=\cos\alpha$ $\cos\left(\dfrac{\pi}{2}-\alpha\right)=\sin\alpha$ $\tan\left(\dfrac{\pi}{2}-\alpha\right)=\dfrac{1}{\tan\alpha}$
$90°+\alpha\,/\,\dfrac{\pi}{2}+\alpha$ （公式七）	$\sin\,(90°+\alpha)=\cos\alpha$ $\cos\,(90°+\alpha)=-\sin\alpha$ $\tan\,(90°+\alpha)=-\dfrac{1}{\tan\alpha}$	$\sin\left(\dfrac{\pi}{2}+\alpha\right)=\cos\alpha$ $\cos\left(\dfrac{\pi}{2}+\alpha\right)=-\sin\alpha$ $\tan\left(\dfrac{\pi}{2}+\alpha\right)=-\dfrac{1}{\tan\alpha}$
$270°-\alpha\,/\,\dfrac{3\pi}{2}-\alpha$ （公式八）	$\sin\,(270°-\alpha)=-\cos\alpha$ $\cos\,(270°-\alpha)=-\sin\alpha$ $\tan\,(270°-\alpha)=\dfrac{1}{\tan\alpha}$	$\sin\left(\dfrac{3\pi}{2}-\alpha\right)=-\cos\alpha$ $\cos\left(\dfrac{3\pi}{2}-\alpha\right)=-\sin\alpha$ $\tan\left(\dfrac{3\pi}{2}-\alpha\right)=\dfrac{1}{\tan\alpha}$
$270°+\alpha\,/\,\dfrac{3\pi}{2}+\alpha$ （公式九）	$\sin\,(270°+\alpha)=-\cos\alpha$ $\cos\,(270°+\alpha)=\sin\alpha$ $\tan\,(270°+\alpha)=-\dfrac{1}{\tan\alpha}$	$\sin\left(\dfrac{3\pi}{2}+\alpha\right)=-\cos\alpha$ $\cos\left(\dfrac{3\pi}{2}+\alpha\right)=\sin\alpha$ $\tan\left(\dfrac{3\pi}{2}+\alpha\right)=-\dfrac{1}{\tan\alpha}$

口诀：奇变偶不变，符号看象限

注：公式中正切函数的角 $\alpha\neq k\pi+\dfrac{\pi}{2}$，$k\in\mathbf{Z}$.

• 提示

（1）奇变偶不变是指公式左端角的形式若为 $\dfrac{\pi}{2}\pm\alpha$ 或 $\dfrac{3\pi}{2}\pm\alpha$（其中 $\dfrac{\pi}{2}$，$\dfrac{3\pi}{2}$ 是 $\dfrac{\pi}{2}$ 的奇数倍），则右端的函数名称要改变（左右两端的三角函数名称不同，即左端若为正弦，则右端为余弦；左端若为余弦，则右端为正弦）；公式左端角的形式若为 $\pi\pm\alpha$，$2\pi-\alpha$，$-\alpha$（其中 π，2π 是 $\dfrac{\pi}{2}$ 的偶数倍；$-\alpha$ 前面的 0 也可看成是 $\dfrac{\pi}{2}$ 的偶数倍），则右端的函数名称不变.

（2）符号看象限是指公式右端三角函数前的符号与左端的角（其中的 α 看作锐角）所在象限的该三角函数值的符号相同.

结合提示（1）和（2），上述公式的记忆方法可参考如下：

$$\sin\left(k\cdot\frac{\pi}{2}+\alpha\right)=\begin{cases}\underset{\text{公式一~公式五}}{k\text{是偶数}}\begin{cases}k\cdot\frac{\pi}{2}+\alpha\text{ 为第一、二象限角}\longrightarrow\sin\alpha\\ k\cdot\frac{\pi}{2}+\alpha\text{ 为第三、四象限角}\longrightarrow-\sin\alpha\end{cases}\\[2em] \underset{\text{公式六~公式九}}{k\text{是奇数}}\begin{cases}k\cdot\frac{\pi}{2}+\alpha\text{ 为第一、二象限角}\longrightarrow\cos\alpha\\ k\cdot\frac{\pi}{2}+\alpha\text{ 为第三、四象限角}\longrightarrow-\cos\alpha\end{cases}\end{cases}$$

$$\cos\left(k\cdot\frac{\pi}{2}+\alpha\right)=\begin{cases}\underset{\text{公式一~公式五}}{k\text{是偶数}}\begin{cases}k\cdot\frac{\pi}{2}+\alpha\text{ 为第一、四象限角}\longrightarrow\cos\alpha\\ k\cdot\frac{\pi}{2}+\alpha\text{ 为第二、三象限角}\longrightarrow-\cos\alpha\end{cases}\\[2em] \underset{\text{公式六~公式九}}{k\text{是奇数}}\begin{cases}k\cdot\frac{\pi}{2}+\alpha\text{ 为第一、四象限角}\longrightarrow\sin\alpha\\ k\cdot\frac{\pi}{2}+\alpha\text{ 为第二、三象限角}\longrightarrow-\sin\alpha\end{cases}\end{cases}$$

（3）利用诱导公式可以求任意角的三角函数值，其一般步骤如下：

任意负角的三角函数 $\xrightarrow{\text{用公式一}}$ 任意正角的三角函数 $\xrightarrow{\text{用公式二}}$ 小于360°角的三角函数

$\xrightarrow{\text{用公式三~公式九}}$ 锐角的三角函数 $\xrightarrow{\text{计算器}}$ 求值.

四、两角和与差的三角函数

两角和与差 公式	$\sin(\alpha\pm\beta)=\sin\alpha\cos\beta\pm\cos\alpha\sin\beta$
	$\cos(\alpha\pm\beta)=\cos\alpha\cos\beta\mp\sin\alpha\sin\beta$
	$\tan(\alpha\pm\beta)=\dfrac{\tan\alpha\pm\tan\beta}{1\mp\tan\alpha\tan\beta}\quad\left(\alpha\neq k\pi+\dfrac{\pi}{2},\ k\in\mathbf{Z}\right)$
二倍角 公式	$\sin 2\alpha=2\sin\alpha\cos\alpha$
	$\cos 2\alpha=\cos^2\alpha-\sin^2\alpha=2\cos^2\alpha-1=1-2\sin^2\alpha\Rightarrow\begin{cases}\sin^2\alpha=\dfrac{1-\cos 2\alpha}{2}\\[1em]\cos^2\alpha=\dfrac{1+\cos 2\alpha}{2}\end{cases}$
	$\tan 2\alpha=\dfrac{2\tan\alpha}{1-\tan^2\alpha}$
三倍角 公式	$\sin 3\alpha=3\sin\alpha-4\sin^3\alpha$
	$\cos 3\alpha=4\cos^3\alpha-3\cos\alpha$
半角公式	$\sin\dfrac{\alpha}{2}=\pm\sqrt{\dfrac{1-\cos\alpha}{2}}\qquad\cos\dfrac{\alpha}{2}=\pm\sqrt{\dfrac{1+\cos\alpha}{2}}$
	$\tan\dfrac{\alpha}{2}=\pm\sqrt{\dfrac{1-\cos\alpha}{1+\cos\alpha}}=\dfrac{1-\cos\alpha}{\sin\alpha}=\dfrac{\sin\alpha}{1+\cos\alpha}$

万能公式	$\sin\alpha = \dfrac{2\tan\dfrac{\alpha}{2}}{1+\tan^2\dfrac{\alpha}{2}}$ $\qquad$ $\cos\alpha = \dfrac{1-\tan^2\dfrac{\alpha}{2}}{1+\tan^2\dfrac{\alpha}{2}}$ $\qquad$ $\tan\alpha = \dfrac{2\tan\dfrac{\alpha}{2}}{1-\tan^2\dfrac{\alpha}{2}}$
积化和差公式	$\sin\alpha\cos\beta = \dfrac{1}{2}\left[\sin(\alpha+\beta)+\sin(\alpha-\beta)\right]$ $\qquad$ $\cos\alpha\sin\beta = \dfrac{1}{2}\left[\sin(\alpha+\beta)-\sin(\alpha-\beta)\right]$ $\cos\alpha\cos\beta = \dfrac{1}{2}\left[\cos(\alpha+\beta)+\cos(\alpha-\beta)\right]$ $\qquad$ $\sin\alpha\sin\beta = -\dfrac{1}{2}\left[\cos(\alpha+\beta)-\cos(\alpha-\beta)\right]$
和差化积公式	$\sin\theta+\sin\phi = 2\sin\dfrac{\theta+\phi}{2}\cos\dfrac{\theta-\phi}{2}$ $\qquad$ $\sin\theta-\sin\phi = 2\cos\dfrac{\theta+\phi}{2}\sin\dfrac{\theta-\phi}{2}$ $\cos\theta+\cos\phi = 2\cos\dfrac{\theta+\phi}{2}\cos\dfrac{\theta-\phi}{2}$ $\qquad$ $\cos\theta-\cos\phi = -2\sin\dfrac{\theta+\phi}{2}\sin\dfrac{\theta-\phi}{2}$
其他公式	$a\sin\alpha+b\cos\alpha = \sqrt{a^2+b^2}\sin(\alpha+\phi)$ 其中 ϕ 的值由 $\tan\phi = \dfrac{b}{a}$ 及 a、b 符号确定,且 $\cos\phi = \dfrac{a}{\sqrt{a^2+b^2}}$,$\sin\phi = \dfrac{b}{\sqrt{a^2+b^2}}$

例 2 - 28 求下列各函数值:

(1) $\sin(-1\,230°)$; $\qquad$ (2) $\cos\left(-\dfrac{21\pi}{4}\right)$.

解:(1) $\sin(-1\,230°) = -\sin 1\,230° = -\sin(150°+3\times360°) = -\sin 150°$

$\qquad\qquad\qquad = -\sin(180°-30°)$

$\qquad\qquad\qquad = -\sin 30° = -\dfrac{1}{2}$.

(2) $\cos\left(-\dfrac{21\pi}{4}\right) = \cos\dfrac{21\pi}{4} = \cos\left(\dfrac{5\pi}{4}+4\pi\right) = \cos\dfrac{5\pi}{4}$

$\qquad\qquad\qquad = \cos\left(\pi+\dfrac{\pi}{4}\right) = -\cos\dfrac{\pi}{4} = -\dfrac{\sqrt{2}}{2}$.

> **· 提示**
>
> 在公式二的弧度制形式里,一定要注意:必须是 π 的偶数倍才可以使用该公式.

例 2 - 29 化简:$\dfrac{1+2\sin(\alpha+2\pi)\cos(\alpha-2\pi)}{\sin(\alpha+4\pi)+\cos(\alpha+8\pi)}$.

解:$\dfrac{1+2\sin(\alpha+2\pi)\cos(\alpha-2\pi)}{\sin(\alpha+4\pi)+\cos(\alpha+8\pi)} = \dfrac{1+2\sin\alpha\cos\alpha}{\sin\alpha+\cos\alpha}$

$\qquad\qquad\qquad = \dfrac{\sin^2\alpha+\cos^2\alpha+2\sin\alpha\cos\alpha}{\sin\alpha+\cos\alpha}$

$\qquad\qquad\qquad = \dfrac{(\sin\alpha+\cos\alpha)^2}{\sin\alpha+\cos\alpha}$

$\qquad\qquad\qquad = \sin\alpha+\cos\alpha$.

> **· 提示**
>
> 二倍角公式具有相对性,即公式左端的角总是右端角的二倍. 根据这个特点,可以灵活运用公式.
> 三角函数的很多公式等号两边是可以相互转化的,即公式的使用是双向的. 在应用时,请同学们多多体会.

例 2 - 30 设 $\cos\phi = \dfrac{3}{5}$,ϕ 是第四象限的角,求 $\sin\left(\phi+\dfrac{\pi}{6}\right)$ 的值.

解:因为 $\cos\phi = \dfrac{3}{5}$ 且 ϕ 是第四象限的角,所以

$$\sin\phi = -\sqrt{1-\left(\dfrac{3}{5}\right)^2} = -\dfrac{4}{5},$$

则

$$\sin\left(\phi+\dfrac{\pi}{6}\right) = \sin\phi\cos\dfrac{\pi}{6} + \cos\phi\sin\dfrac{\pi}{6}$$

$$= -\frac{4}{5} \times \frac{\sqrt{3}}{2} + \frac{3}{5} \times \frac{1}{2}$$

$$= \frac{3 - 4\sqrt{3}}{10}.$$

例 2-31 设 $\sin\alpha = \frac{4}{5}$，$\frac{\pi}{2} < \alpha < \pi$，求 $\tan\frac{\alpha}{2}$ 的值.

解：因为

$$\frac{\pi}{2} < \alpha < \pi,$$

所以

$$\cos\alpha = -\sqrt{1 - \left(\frac{4}{5}\right)^2} = -\frac{3}{5},$$

所以

$$\tan\frac{\alpha}{2} = \frac{1 - \cos\alpha}{\sin\alpha} = \frac{1 - \left(-\frac{3}{5}\right)}{\frac{4}{5}} = 2.$$

• **思考**

对于例 2-31，同学们还有其他的解决办法吗？

例 2-32 设电流 $i = \sqrt{2}I\sin\omega t$，电压 $u = \sqrt{2}U\sin\left(\omega t + \frac{\pi}{2}\right)$，求证瞬时功率 $p = ui = UI\sin 2\omega t$.

证明：
$$p = ui$$
$$= \sqrt{2}U\sin\left(\omega t + \frac{\pi}{2}\right) \times \sqrt{2}I\sin\omega t$$
$$= 2UI\cos\omega t\sin\omega t$$
$$= UI\sin 2\omega t.$$

• **提示**

在使用半角公式求 $\tan\frac{\alpha}{2}$ 时，选用分母为单项式的公式 $\tan\frac{\alpha}{2} = \frac{1 - \cos\alpha}{\sin\alpha}$ 比较方便．此时不必再考虑 $\tan\frac{\alpha}{2}$ 的符号如何选择的问题．

例 2-33 如图 2-58 所示轴承座，试根据图示标注尺寸，以轴承座上的 ϕ60 和 ϕ40 圆的圆心为坐标原点，求切点 A 的坐标.

解：作计算图如图 2-59 所示，其中 $OA \perp AC$，$AB \perp O_1C$ 于点 B，设 $\angle O_1CO = \alpha$，$\angle OCA = \beta$，则

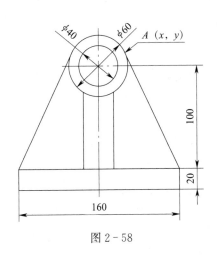

图 2-58

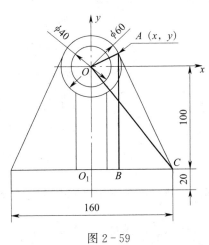

图 2-59

$$CO = \sqrt{O_1O^2 + O_1C^2} = \sqrt{100^2 + \left(\frac{160}{2}\right)^2} = 20\sqrt{41},$$

$$AC = \sqrt{CO^2 - OA^2} = \sqrt{16\ 400 - \left(\frac{60}{2}\right)^2} = 10\sqrt{155},$$

所以

$$\sin(\alpha + \beta) = \sin\alpha\cos\beta + \cos\alpha\sin\beta$$

$$= \frac{100}{20\sqrt{41}} \times \frac{10\sqrt{155}}{20\sqrt{41}} + \frac{80}{20\sqrt{41}} \times \frac{30}{20\sqrt{41}}$$

$$= \frac{5\sqrt{155} + 12}{82}.$$

同理

$$\cos(\alpha + \beta) = \cos\alpha\cos\beta - \sin\alpha\sin\beta = \frac{4\sqrt{155} - 15}{82},$$

则

$$y = AB - 100 = AC\sin(\alpha + \beta) - 100$$

$$= 10\sqrt{155} \times \frac{5\sqrt{155} + 12}{82} - 100$$

$$\approx 12.73,$$

$$x = O_1C - BC = O_1C - AC\cos(\alpha + \beta)$$

$$= 80 - 10\sqrt{155} \times \frac{4\sqrt{155} - 15}{82}$$

$$\approx 27.16,$$

即所求的 A 点坐标为（27.16，12.73）.

例 2-34 已知电流 $i = \sqrt{2}I\sin\omega t$，电压 $u = \sqrt{2}U\sin(\omega t + \varphi)$，求证瞬时功率 $p = ui = UI\cos\varphi - UI\sin\left(2\omega t + \varphi + \frac{\pi}{2}\right)$.

证明：

$$p = ui$$

$$= \sqrt{2}U\sin(\omega t + \varphi) \times \sqrt{2}I\sin\omega t$$

$$= 2UI\sin(\omega t + \varphi)\sin\omega t$$

$$= 2UI\left\{-\frac{1}{2}\left[\cos(2\omega t + \varphi) - \cos\varphi\right]\right\}$$

$$= UI\left[\cos\varphi - \cos(2\omega t + \varphi)\right]$$

$$= UI\cos\varphi - UI\cos(2\omega t + \varphi)$$

$$= UI\cos\varphi - UI\sin\left(2\omega t + \varphi + \frac{\pi}{2}\right).$$

例 2-35 已知三相交流电的电压分别是 $u_1 = U_m\sin\omega t$，$u_2 = U_m\sin\left(\omega t - \frac{2\pi}{3}\right)$，$u_3 = U_m\sin\left(\omega t + \frac{2\pi}{3}\right)$. 求证：$u_1 + u_2 + u_3 = 0$.

证明：$u_1 + u_2 + u_3 = U_m \left[\sin \omega t + \sin \left(\omega t - \dfrac{2\pi}{3} \right) + \sin \left(\omega t + \dfrac{2\pi}{3} \right) \right]$

$$= U_m \left[2\sin \left(\omega t - \dfrac{\pi}{3} \right) \cos \dfrac{\pi}{3} + \sin \left(\omega t + \dfrac{2\pi}{3} \right) \right]$$

$$= U_m \left[\sin \left(\omega t - \dfrac{\pi}{3} \right) + \sin \left(\omega t + \dfrac{2\pi}{3} \right) \right]$$

$$= U_m \left[2\sin \left(\omega t + \dfrac{\pi}{6} \right) \cos \left(-\dfrac{\pi}{2} \right) \right]$$

$$= 0.$$

> • 提示
> 和差化积公式只能把同名三角函数的和差化为积，若需把非同名的和差化为积的形式，必须先化异名为同名.

◎ 专业知识链接

例 $2-34$、例 $2-35$ 所证明的结果是电学中的两个重要结论. 此处从数学方面做了充分的论证.

例 $2-36$ 设 $i_1 = I_{m_1} \sin(\omega t + \varphi_1)$，$i_2 = I_{m_2} \sin(\omega t + \varphi_2)$，求 $i = i_1 + i_2$.

解： $i = i_1 + i_2$

$$= I_{m_1} \sin(\omega t + \varphi_1) + I_{m_2} \sin(\omega t + \varphi_2)$$

$$= I_{m_1} (\sin \omega t \cos \varphi_1 + \cos \omega t \sin \varphi_1) + I_{m_2} (\sin \omega t \cos \varphi_2 + \cos \omega t \sin \varphi_2)$$

$$= (I_{m_1} \cos \varphi_1 + I_{m_2} \cos \varphi_2) \sin \omega t + (I_{m_1} \sin \varphi_1 + I_{m_2} \sin \varphi_2) \cos \omega t.$$

由公式 $a\sin \alpha + b\cos \alpha = \sqrt{a^2 + b^2} \sin(\alpha + \varphi)$，令

$$I_m = \sqrt{(I_{m_1} \cos \varphi_1 + I_{m_2} \cos \varphi_2)^2 + (I_{m_1} \sin \varphi_1 + I_{m_2} \sin \varphi_2)^2}$$

$$= \sqrt{I_{m_1}^2 + I_{m_2}^2 + 2I_{m_1} I_{m_2} \cos(\varphi_1 - \varphi_2)},$$

并令

$$\tan \varphi = \dfrac{I_{m_1} \sin \varphi_1 + I_{m_2} \sin \varphi_2}{I_{m_1} \cos \varphi_1 + I_{m_2} \cos \varphi_2},$$

则

$$i = i_1 + i_2$$

$$= I_{m_1} \sin(\omega t + \varphi_1) + I_{m_2} \sin(\omega t + \varphi_2)$$

$$= I_m (\sin \omega t \cos \varphi + \cos \omega t \sin \varphi)$$

$$= I_m \sin(\omega t + \varphi).$$

◎ 专业知识链接

1. 在电工学对交流电路的分析过程中，广泛应用着对同频率的正弦量（即形如 $y = A\sin(\omega x + \varphi)$ 的量）求和的运算，称为同频率正弦量的叠加.

2. 例 $2-36$ 从理论上证明了电工学中的一个重要结论：两个同频率正弦量的叠加仍是正弦量，其频率不变，只是最大值和初相角与原来不同.

课 后 习 题

1. 用弧度制表示下列各角：

(1) $105°$；　　(2) $-480°$；　　(3) $17.5°$；　　(4) $522°50'$.

2. 用角度制表示下列各角：

(1) $\dfrac{17\pi}{5}$;　　(2) $-\dfrac{23\pi}{4}$;　　(3) $-\dfrac{5\pi}{9}$;　　(4) 6.

3. 用计算器把下列各角由角度化为弧度（保留四位有效数字）：

(1) $125°$;　　(2) $308°$;　　(3) $-608°$.

4. 用计算器把下列各角由弧度化为角度（保留四位有效数字）：

(1) $\dfrac{\pi}{15}$;　　(2) 4;　　(3) -8.

5. 在半径为 130 mm 的圆周上有一段长为 155.5 mm 的弧，求这段弧所对圆心角的弧度数与角度数.

6. 已知 $\sin(180°+\theta)=\dfrac{1}{3}$，且 θ 为第三象限角，求 $\tan(\theta-360°)$ 的值.

7. 化简：

(1) $\dfrac{\sin(2\pi-\alpha)}{\cos(\pi-\alpha)\tan(3\pi-\alpha)}$;

(2) $\dfrac{\sqrt{1-2\sin 10°\cos 10°}}{\cos 10°-\sqrt{1-\cos^2 170°}}$;

(3) $\sin 14°\cos 16°+\sin 76°\cos 74°$;

(4) $\sin\dfrac{\theta}{2}\cos\dfrac{\theta}{2}$;

(5) $\dfrac{\sin 2\alpha}{1+\cos 2\alpha}\times\dfrac{\cos\alpha}{1+\cos\alpha}$;

(6) $\sin 20°\cos 70°+\sin 10°\sin 50°$;

(7) $\cos\left(\dfrac{\pi}{4}+\theta\right)-\cos\left(\dfrac{\pi}{4}-\theta\right)$;

(8) $\dfrac{\sin A+\sin 2A+\sin 3A}{\sin 3A+\sin 4A+\sin 5A}$;

(9) $\dfrac{1+\cos 2\alpha}{\cos\alpha+\sin\alpha\tan\dfrac{\alpha}{2}}+\dfrac{\sin 2\alpha\cot\alpha}{2\cos\alpha\left(\sin^4\dfrac{\alpha}{2}-\cos^4\dfrac{\alpha}{2}\right)}$;

(10) $\dfrac{\sin 3\alpha}{\sin\alpha}-\dfrac{\cos 3\alpha}{\cos\alpha}$;

(11) $\sin(\alpha-\beta)\cos\beta+\cos(\alpha-\beta)\sin\beta$;

(12) $\sin 50°(1+\sqrt{3}\tan 10°)$;

(13) $\sin 4x\sin 2x+\cos^2 3x$.

8. 设 $\cos\alpha=-\dfrac{3}{5}$，$\pi<\alpha<\dfrac{3\pi}{2}$，求 $\sin\dfrac{\alpha}{2}$，$\cos\dfrac{\alpha}{2}$，$\tan\dfrac{\alpha}{2}$ 的值.

9. 证明：$\tan\alpha+\sec\alpha=\tan\left(\dfrac{\alpha}{2}+\dfrac{\pi}{4}\right)$ （提示：$\sec\alpha=\dfrac{1}{\cos\alpha}$）.

10. 如图 2-60 所示，半径为 R 的半圆形木材要截成长方形截面的木料，问怎样截取才能使长方形截面的面积最大？

11. 如图 2-61 所示，一块正方形钢板的一个角上有伤痕，要把它截成一块新的正方形钢板，面积是原钢板的 $\dfrac{2}{3}$，应按怎样的角度 α 来截？

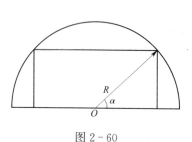

图 2-60

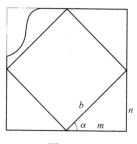

图 2-61

12. 从发电厂输出的电是三相交流电，它的三根相线上的电流 i 都是时间 t 的函数：$i_U = \sqrt{2}I\sin\omega t$，$i_V = \sqrt{2}I\sin(\omega t + 120°)$，$i_W = \sqrt{2}I\sin(\omega t + 240°)$，求证：$i_U + i_V + i_W = 0$.

§2-4 正弦型函数的图像及应用

一、三角函数的图像及性质

我们已经学过正弦函数、余弦函数的图形和性质，现列表复习如下.

正弦函数 $y=\sin x$	余弦函数 $y=\cos x$
图像向左、向右无限延伸	图像向左、向右无限延伸
最高点 $\left(\dfrac{\pi}{2}+2k\pi,\ 1\right)$ 最低点 $\left(\dfrac{3\pi}{2}+2k\pi,\ -1\right)$ $(k\in\mathbf{Z})$	最高点 $(2k\pi,\ 1)$ 最低点 $(\pi+2k\pi,\ -1)$ $(k\in\mathbf{Z})$
图像关于原点中心对称	图像关于 y 轴对称
每间隔 2π，图像形状重复	每间隔 2π，图像形状重复
当 x 由 $-\dfrac{\pi}{2}+2k\pi$ 增大到 $\dfrac{\pi}{2}+2k\pi$ 时，曲线上升；当 x 由 $\dfrac{\pi}{2}+2k\pi$ 增大到 $\dfrac{3\pi}{2}+2k\pi$ 时，曲线下降 $(k\in\mathbf{Z})$	当 x 由 $0+2k\pi$ 增大到 $\pi+2k\pi$ 时，曲线下降；当 x 由 $\pi+2k\pi$ 增大到 $2\pi+2k\pi$ 时，曲线上升 $(k\in\mathbf{Z})$
当 $x=k\pi$ $(k\in\mathbf{Z})$ 时，图像与 x 轴相交	当 $x=\dfrac{\pi}{2}+k\pi$ $(k\in\mathbf{Z})$ 时，图像与 x 轴相交

• 提示

1. 由正弦函数和余弦函数的图像对比可发现：正弦曲线与余弦曲线有完全相同的形状，只要把正弦曲线沿 x 轴向左平移 $\dfrac{\pi}{2}$ 个单位就是余弦曲线，这是因为 $\sin\left(\dfrac{\pi}{2}+x\right)=\cos x$.

2. 正弦曲线的图像可结合它的周期性用描点法作出. 在精度要求不高时，可用"五点法"作出一个周期的图像，这五点分别是起点 $(0,0)$、最高点 $\left(\dfrac{\pi}{2},1\right)$、中点 $(\pi,0)$、最低点 $\left(\dfrac{3\pi}{2},-1\right)$、终点 $(2\pi,0)$，即一个周期内函数值最大和最小的点以及函数值为零的点.

例 2 - 37 用五点法作函数 $y = \sin x + 1$ 在 $[0，2\pi]$ 的图像.

解：列表求值：

x	0	$\frac{\pi}{2}$	π	$\frac{3\pi}{2}$	2π
$y = \sin x$	0	1	0	-1	0
$y = \sin x + 1$	1	2	1	0	1

描点、连线得所要画的图像，如图 2 - 62 所示.

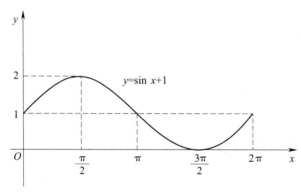

图 2 - 62

二、正弦型函数的图像

形如 $y = A\sin(\omega x + \phi)$ $(A，\omega，\phi$ 均为常数，且 $A > 0，\omega > 0，\phi \in \mathbf{R})$ 的函数称为正弦型函数，其图像称为正弦型曲线. 由于 x 取任何实数时正弦型函数都有意义，所以 $y = A\sin(\omega x + \phi)$ 的定义域是 $\mathbf{R}$.

1. 正弦型曲线的变换作图法

正弦型函数 $y = A\sin(\omega x + \phi)$（式中 $A，\omega，\phi$ 均为常数，且 $A > 0，\omega > 0，\phi \in \mathbf{R}$）的图像可以由正弦函数 $y = \sin x$ 的图像依次经过三种图像变换而得到，见下表.

名称	操 作 方 法
周期变换	把 $y = \sin x$ 的图像上所有点的横坐标伸长（$0 < \omega < 1$ 时）或缩短（$\omega > 1$ 时）到原来的 $\frac{1}{\omega}$ 倍（纵坐标不变）从而得到 $y = \sin \omega x$
相位变换	把 $y = \sin \omega x$ 的图像上所有点向左（$\phi > 0$ 时）或向右（$\phi < 0$ 时）平移 $\frac{\|\phi\|}{\omega}$ 个单位从而得到 $y = \sin(\omega x + \phi)$
振幅变换	把 $y = \sin(\omega x + \phi)$ 的图像上所有点的纵坐标伸长（$A > 1$ 时）或缩短（$0 < A < 1$ 时）到原来的 A 倍（横坐标不变）从而得到 $y = A\sin(\omega x + \phi)$

•提示

1. 数 A 是正弦型函数的振幅（也是最大函数值），所以由常数 A 的变化而引起的图像变换称为振幅变换.

2. 周期变换是 ω 的变化导致周期的改变，从而引起的图像变换，正弦型函数的周期 $T = \dfrac{2\pi}{\omega}$.

3. 相位变换是因为 ϕ 的变化，引起相应一个周期上左端点改变为 $\left(-\dfrac{\phi}{\omega},\ 0\right)$，从而造成的图像变换，又称"起点"变换，$\left(-\dfrac{\phi}{\omega},\ 0\right)$ 称为起点.

例 2－38 指出函数 $y = \dfrac{1}{10}\sin\left(2x - \dfrac{\pi}{3}\right)$ 的振幅、周期、起点.

解： 因为

$$A = \frac{1}{10},\ \omega = 2,\ \phi = -\frac{\pi}{3},$$

则

$$-\frac{\phi}{\omega} = \frac{\pi}{6},$$

所以振幅

$$A = \frac{1}{10},$$

周期

$$T = \frac{2\pi}{2} = \pi,$$

起点

$$\left(\frac{\pi}{6},\ 0\right).$$

•提示

运用三种变换作正弦型函数 $y = A\sin(\omega x + \phi)$ 的图像，都是在正弦函数 $y = \sin x$ 的一个周期 $[0,\ 2\pi]$ 中进行的，从而得到 $y = A\sin(\omega x + \phi)$ 在其一个周期内的图像.

例 2－39 利用三种变换作函数 $y = 3\sin\left(2x - \dfrac{\pi}{4}\right)$ 的图像.

解： 先在区间 $[0,\ 2\pi]$ 上作出 $y = \sin x$ 一个周期内的图像.

（1）因为 $\omega = 2 > 1$，所以把正弦曲线 $y = \sin x$ 上所有点的横坐标缩短到原来的 $\dfrac{1}{2}$（纵坐标不变），就得到函数 $y = \sin 2x$ 的图像.

（2）因为 $\phi = -\dfrac{\pi}{4} < 0$，且 $\dfrac{|\phi|}{\omega} = \dfrac{\pi}{8}$，所以把曲线 $y = \sin 2x$ 上所有的点向右平移 $\dfrac{\pi}{8}$ 个单位，得到 $y = \sin\left(2x - \dfrac{\pi}{4}\right)$ 的图像.

（3）因为 $A = 3 > 1$，所以再把曲线 $y = \sin\left(2x - \dfrac{\pi}{4}\right)$ 上所有点的纵坐标伸长到原来的

3倍（横坐标不变），从而得到 $y = 3\sin\left(2x - \dfrac{\pi}{4}\right)$ 的图像，如图 2-63 所示.

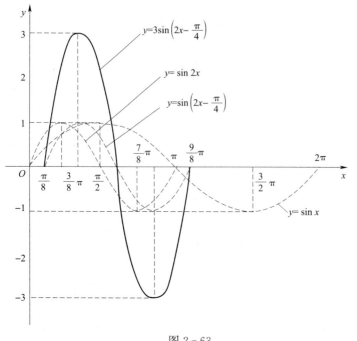

图 2-63

2. 五点法作图

在电工学中，经常需要作正弦型曲线，但是利用周期、相位、振幅变换作图比较麻烦，并且精确度又难以保证. 为了实用，下面介绍作正弦型曲线图像的简单方法，即"五点法"，其步骤如下：

（1）把 $y = A\sin(\omega x + \phi)$ 改写成 $y = A\sin\omega\left(x + \dfrac{\phi}{\omega}\right)$.

（2）求出振幅 A 和周期 $T = \dfrac{2\pi}{\omega}$.

（3）在 x 轴上，以 $-\dfrac{\phi}{\omega}$ 为左端点，作出区间 $\left[-\dfrac{\phi}{\omega}, \ -\dfrac{\phi}{\omega} + T\right]$.

（4）将此区间四等分，得五个分点. 奇分点顺次对应起点、中点、终点，偶分点顺次对应最高点、最低点. 描点连线，即得一个周期上的正弦型函数图像. 利用周期性可得 $y = A\sin(\omega x + \phi)$ 在其定义域 **R** 上的图像.

例 2-40 已知一正弦交流电流 i（A）随时间 t（s）的变化规律是 $i = 5\sqrt{2}\sin\left(100\pi t - \dfrac{\pi}{2}\right)$，用五点法作它的图像.

解：（1）$i = 5\sqrt{2}\sin\left(100\pi t - \dfrac{\pi}{2}\right)$

$\qquad = 5\sqrt{2}\sin\left[100\pi\left(t - \dfrac{\pi}{2 \times 100\pi}\right)\right]$

$\qquad = 5\sqrt{2}\sin\left[100\pi(t - 0.005)\right]$.

(2) $A = 5\sqrt{2}$, $T = \dfrac{2\pi}{\omega} = \dfrac{2\pi}{100\pi} = 0.02$.

(3) 因为

$$-\frac{\phi}{\omega} = 0.005, \quad -\frac{\phi}{\omega} + T = 0.005 + 0.02 = 0.025,$$

所以区间为

$$\left[-\frac{\phi}{\omega}, -\frac{\phi}{\omega} + T\right] = [0.005, 0.025].$$

(4) 将此区间四等分, 描曲线上的五个重要点, 连线即得在一个周期上的图像, 如图 2 - 64 所示.

根据函数的周期性, 将图 2 - 64 中 i 在区间 $[0.005, 0.025]$ 上的图像向左平移 0.02, 即得 i 在区间 $[-0.015, 0.005]$ 上的图像. 由于 t 的实际意义是时间, 即 $t \geqslant 0$, 所以把电流 i 在区间 $[-0.015, 0]$ 上的图像用虚线画出, 在区间 $[0, 0.005]$ 上的图像用实线画出. $t = 0.025$ 以后的图像省略.

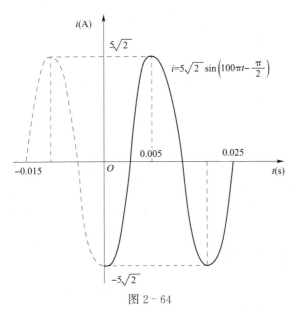

图 2 - 64

对于物理学和电工学等学科的实际问题所涉及的正弦型函数 $y = A\sin(\omega x + \phi)$（$A$，$\omega$，$\phi$ 均为常数，且 $A > 0$，$\omega > 0$，$\phi \in \mathbf{R}$），通常把 A 称为振幅，$T = \dfrac{2\pi}{\omega}$ 称为周期，ω 称为角频率，$\omega x + \phi$ 称为相位，ϕ 称为初相（即变量 $x = 0$ 时的相位），$f = \dfrac{1}{T}$ 称为频率（单位：Hz）.

• 提示
同学们能用五点法的第二种操作方法解决例 2 - 39 吗？请试一试，并对两种方法进行比对，掌握最适合自己的画图方法.

例 2 - 41 已知一正弦交流电 i（A）与时间 t（s）的函数关系式为 $i = 50\sin\left(200\pi t - \dfrac{\pi}{3}\right)$，请写出 $i(t)$ 的最大值、周期、频率和初相.

解： 电流 i 的最大值

$$i_{\max} = 50 \text{（A）,}$$

周期

$$T = \frac{2\pi}{200\pi} = 0.01 \text{（s）,}$$

频率

$$f = \frac{1}{T} = \frac{1}{0.01} = 100 \text{（Hz）,}$$

初相

$$\phi = -\frac{\pi}{3}.$$

例 2 - 42 已知一正弦电流 i（A）随时间 t（s）的部分变化曲线如图 2 - 65 所示，试写出 i 与 t 的函数关系式.

解： 由图 2 - 65 可知，曲线是正弦型曲线，所以设所求函数式为

$$i = A\sin(\omega t + \phi).$$

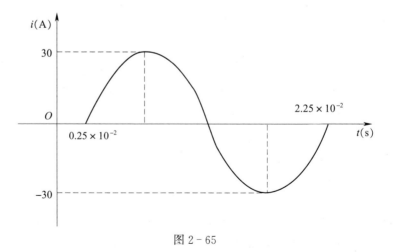

图 2 - 65

还可看出，电流 i 的最大值

$$i_{\max} = A = 30 \text{（A）.}$$

周期

$$T = 2.25 \times 10^{-2} - 0.25 \times 10^{-2} = 2 \times 10^{-2} \quad (\text{s}).$$

因为

$$T = \frac{2\pi}{\omega},$$

所以

$$\omega = \frac{2\pi}{T} = \frac{2\pi}{2 \times 10^{-2}} = 100\pi.$$

又因为"起点"的横坐标

$$t = -\frac{\phi}{\omega} = 0.25 \times 10^{-2},$$

所以

$$\begin{aligned}
\phi &= -\omega \times 0.25 \times 10^{-2} \\
&= -100\pi \times 0.25 \times 10^{-2} \\
&= -\frac{\pi}{4},
\end{aligned}$$

所以所求函数关系式为

$$i = 30\sin\left(100\pi t - \frac{\pi}{4}\right).$$

课 后 习 题

1. 不画图，指出下列各函数的振幅、周期、起点，并说明这些函数的图像是由正弦曲线经过怎样的变化得来的.

(1) $y = \dfrac{1}{3}\sin x$;　　　　　(2) $y = \sin\dfrac{5}{4}x$;　　　　　(3) $y = \sin\left(x + \dfrac{\pi}{3}\right)$;

(4) $y = 3\sin\left(\dfrac{x}{2} + \dfrac{\pi}{6}\right)$;　　　(5) $y = \dfrac{1}{4}\sin\left(2x - \dfrac{\pi}{6}\right)$.

2. 求函数 $y = \sqrt{3}\cos^2 x + \dfrac{1}{2}\sin 2x$ 的周期，x 为何值时 y 分别取得最大值、最小值？最大值、最小值各是多少？

3. 用五点法作出下列函数在一个周期内的图像，并指出它们的振幅、周期、起点.

(1) $y = \sin\left(2x - \dfrac{\pi}{6}\right)$　　　(2) $y = 5\sin\left(3x + \dfrac{\pi}{4}\right)$　　　(3) $y = 2\cos\left(\dfrac{1}{2}x + \dfrac{\pi}{4}\right)$

(4) $y = \sqrt{3}\sin 3x - \cos 3x$

4. 试求工频电流（频率 f 为 50 Hz 的电流）的周期和角频率.

5. 已知一正弦电流的最大值 $A = 50$ A，频率 $f = 50$ Hz，求电流在经过零值后多长时间达到 12.5 A.

6. 如图 2–66 所示，已知正弦交流电的电流 i(A) 随时间 t(s) 的变化曲线，写出 i 与 t 之间的函数关系式.

7. 已知函数 $y=A\sin(\omega x+\phi)$ $(A>0,\ \omega>0)$，在同一周期内，当 $x=\dfrac{\pi}{12}$ 时取得最大值 $y=2$；当 $x=\dfrac{7\pi}{12}$ 时取得最小值 $y=-2$，求函数的表达式.

8. 已知电流 $i(A)$ 随时间 $t(s)$ 变化的函数关系式为 $i=50\sin 100\pi t$，试解决以下问题：

(1) 求电流变化的周期和频率；

(2) 求当 $t=0$ s，$\dfrac{1}{200}$ s，$\dfrac{1}{100}$ s，$\dfrac{1}{50}$ s 时的电流；

(3) 画出表示电流变化情况的图像.

9. 已知一正弦电流的振幅 $I_m=2$ A，频率 $f=50$ Hz，初相 $\varphi=-60°$，试解决以下问题：

(1) 试写出此电流 i 的表达式，并画出其波形图；

(2) 求 $t=\dfrac{1}{200}$ s 时的电流.

10. 如图 2-67 所示的电路中，两个发电机的电流分别为 $i_1=20\sin\left(\omega t+\dfrac{\pi}{3}\right)$A，$i_2=10\sin\left(\omega t-\dfrac{\pi}{6}\right)$A，求负载 R 上的电流 i 及电流的最大值、角频率、初相，并作出图像（提示：根据基尔霍夫第一定律 $i=i_1+i_2$）.

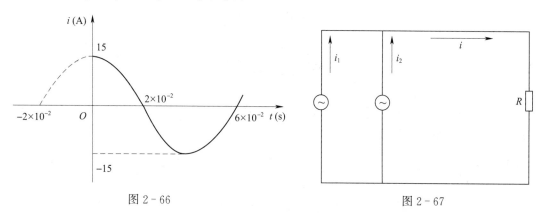

图 2-66　　　　　　　　　　　　　　图 2-67

§2-5　反三角函数及应用

一、反三角函数简介

我们已经知道函数在什么条件下有反函数，如何求函数的反函数，以及函数与其反函数图像之间的关系.

由三角函数图像能清楚地看出，在三角函数 $y=\sin x$ 等的定义域 **R** 内，x 对 y 的对应是单值的，而 y 对 x 的对应却是多值的. 根据反函数的定义，这时反函数不存在. 但又由三角函数不同区间上的单调性可知，三角函数的定义域可划分为若干单调区间，在每个单调区间上 x 对 y 及 y 对 x 都有唯一确定的对应关系，因此都可定义反函数. 为了方便起见，我们从中指定含有锐角的区间来建立三角函数的反函数——反三角函数，见下表：

三角函数			反三角函数			
名称	指定区间	值域	名称	定义域	值域	图像
$y=\sin x$	$\left[-\dfrac{\pi}{2},\dfrac{\pi}{2}\right]$	$[-1,1]$	$y=\arcsin x$ (反正弦函数)	$[-1,1]$	$\left[-\dfrac{\pi}{2},\dfrac{\pi}{2}\right]$	
$y=\cos x$	$[0,\pi]$	$[-1,1]$	$y=\arccos x$ (反余弦函数)	$[-1,1]$	$[0,\pi]$	
$y=\tan x$	$\left(-\dfrac{\pi}{2},\dfrac{\pi}{2}\right)$	$(-\infty,+\infty)$	$y=\arctan x$ (反正切函数)	$(-\infty,+\infty)$	$\left(-\dfrac{\pi}{2},\dfrac{\pi}{2}\right)$	

• 提示

反三角函数值表示的是一个角,这个角相应的三角函数值已知(即自变量 x),角本身在指定的值域内取值. 例如,$\arcsin\left(-\dfrac{\sqrt{3}}{2}\right)$ 表示正弦值为 $-\dfrac{\sqrt{3}}{2}$ 的角 α,$\alpha\in\left[-\dfrac{\pi}{2},\dfrac{\pi}{2}\right]$;又如 $\arccos\left(-\dfrac{\sqrt{2}}{2}\right)$ 表示余弦值为 $-\dfrac{\sqrt{2}}{2}$ 的角 β,$\beta\in[0,\pi]$.

例 2-43 用反正弦函数值表示下列各角:

(1) $\dfrac{\pi}{3}$;   (2) $-\dfrac{\pi}{6}$;   (3) $\dfrac{5\pi}{4}$.

解:(1) 因为

$$\dfrac{\pi}{3}\in\left[-\dfrac{\pi}{2},\dfrac{\pi}{2}\right] \quad 且 \quad \sin\dfrac{\pi}{3}=\dfrac{\sqrt{3}}{2},$$

所以

• 思考

例 2-43 中的 (3) 题是否有其他的表达结果? 请同学们试做.

$$\frac{\pi}{3} = \arcsin \frac{\sqrt{3}}{2}.$$

（2）因为

$$-\frac{\pi}{6} \in \left[-\frac{\pi}{2},\ \frac{\pi}{2}\right] \quad \text{且} \quad \sin\left(-\frac{\pi}{6}\right) = -\frac{1}{2},$$

所以

$$-\frac{\pi}{6} = \arcsin\left(-\frac{1}{2}\right).$$

（3）因为 $\dfrac{5\pi}{4} \notin \left[-\dfrac{\pi}{2},\ \dfrac{\pi}{2}\right]$，但 $\dfrac{5\pi}{4} = \pi + \dfrac{\pi}{4}$，而 $\dfrac{\pi}{4} \in \left[-\dfrac{\pi}{2},\ \dfrac{\pi}{2}\right]$，且

$$\sin \frac{\pi}{4} = \frac{\sqrt{2}}{2},$$

所以

$$\frac{5\pi}{4} = \pi + \arcsin \frac{\sqrt{2}}{2}.$$

例 2-44 求下列反三角函数值：

（1）$\arcsin\left(-\dfrac{\sqrt{3}}{2}\right)$；　　　　（2）$\arctan(-\sqrt{3})$；　　　　（3）$\arccos\left(\cos \dfrac{5\pi}{4}\right)$；

（4）$\cos\left(\arcsin \dfrac{4}{5}\right)$；　　　　（5）$\tan(2\arctan \alpha)$.

解：（1）因为

$$\sin\left(-\frac{\pi}{3}\right) = -\frac{\sqrt{3}}{2} \text{ 且} -\frac{\pi}{3} \in \left[-\frac{\pi}{2},\ \frac{\pi}{2}\right],$$

所以

$$\arcsin\left(-\frac{\sqrt{3}}{2}\right) = -\frac{\pi}{3}.$$

（2）因为

$$\tan\left(-\frac{\pi}{3}\right) = -\sqrt{3} \text{ 且} -\frac{\pi}{3} \in \left(-\frac{\pi}{2},\ \frac{\pi}{2}\right),$$

所以

$$\arctan\ (-\sqrt{3})\ = -\frac{\pi}{3}.$$

（3）
$$\begin{aligned}
\arccos\left(\cos \frac{5\pi}{4}\right) &= \arccos\left[\cos\left(\pi + \frac{\pi}{4}\right)\right] \\
&= \arccos\left(-\cos \frac{\pi}{4}\right) \\
&= \arccos\left(-\frac{\sqrt{2}}{2}\right) \\
&= \frac{3\pi}{4}.
\end{aligned}$$

> • 提示
> 在熟练掌握反三角函数知识后，解题过程可适当简化.

（4）
$$\cos\left(\arcsin \frac{4}{5}\right) = \sqrt{1 - \sin^2\left(\arcsin \frac{4}{5}\right)}$$

$$= \sqrt{1 - \left(\frac{4}{5}\right)^2}$$

$$= \frac{3}{5}.$$

$$（5）\qquad \tan\left(2\arctan\alpha\right) = \frac{2\tan\left(\arctan\alpha\right)}{1 - \tan^2\left(\arctan\alpha\right)}$$

$$= \frac{2\alpha}{1 - \alpha^2}.$$

利用计算器求反三角函数值更方便、快捷、准确. 下面通过例题介绍用计算器求反三角函数值的操作方法.

例 2 - 45 用计算器求下列反三角函数值：

（1）$\arcsin 0$；　　　　（2）$\arctan 2.3$；　　　　（3）$\arccos\left(-0.69\right)$.

解：计算过程如下：

题　目	计　算　过　程	结　　果
（1）	$\boxed{2^{\text{nd}}}\ \boxed{\sin^{-1}}\ 0\ \boxed{=}$	0
（2）	$\boxed{2^{\text{nd}}}\ \boxed{\tan^{-1}}\ 2.3\ \boxed{=}$	1.16
（3）	$\boxed{2^{\text{nd}}}\ \boxed{\cos^{-1}}\ \boxed{-}\ 0.69\ \boxed{=}$	2.33

二、反三角函数的应用

例 2 - 46 在$\triangle ABC$中，已知$\sin A = \dfrac{35}{48}$，试用反三角函数表示$\angle A$.

解：若$\angle A$是锐角，则

$$\angle A = \arcsin\frac{35}{48}.$$

若$\angle A$是钝角，则

$$\angle A = \pi - \arcsin\frac{35}{48}.$$

例 2 - 47 在如图 2 - 68 所示的电路中，已知电压$u = 220\sqrt{2}\sin 314t$ V，电阻$R = 300\ \Omega$，自感系数$L = 1.65$ H. 试求电路的功率因数.

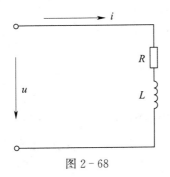

图 2 - 68

1. 电路的功率因数是 $\cos\varphi$.

2. φ 是阻抗角，且 $\varphi = \arctan\dfrac{X_L}{R}$.

3. $X_L = \omega L$，ω 是角频率. L—自感系数，单位为亨利（H）.

解：因为

$$\varphi = \arctan\frac{X_L}{R}$$

$$= \arctan\frac{\omega L}{R}$$

$$= \arctan\frac{314 \times 1.65}{300} \approx 60°,$$

所以

$$\cos\varphi = \cos 60° = 0.5.$$

例 2 - 48　在图 2 - 69 所示的电路中，设

$$i_1 = I_{m_1}\sin(\omega t + \varphi_1) = 100\sin(\omega t + 45°)\ (A)$$

$$i_2 = I_{m_2}\sin(\omega t + \varphi_2) = 60\sin(\omega t - 30°)\ (A)$$

试求总电流 i.

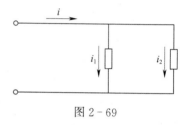

图 2 - 69

解：（1）用三角函数法求解.

由本章例 2 - 36 的结论可知，总电流 i 的幅值为

$$I_m = \sqrt{(I_{m_1}\cos\varphi_1 + I_{m_2}\cos\varphi_2)^2 + (I_{m_1}\sin\varphi_1 + I_{m_2}\sin\varphi_2)^2},$$

电流 i 的初相为

$$\varphi = \arctan\left(\frac{I_{m_1}\sin\varphi_1 + I_{m_2}\sin\varphi_2}{I_{m_1}\cos\varphi_1 + I_{m_2}\cos\varphi_2}\right).$$

将本题中的 $I_{m_1} = 100$ A，$I_{m_2} = 60$ A，$\varphi_1 = 45°$，$\varphi_2 = -30°$ 代入，则得

$$I_{m_1}\cos\varphi_1 = 100\cos 45° \approx 70.7,$$

$$I_{m_1}\sin\varphi_1 = 100\sin 45° \approx 70.7,$$

$$I_{m_2}\cos\varphi_2 = 60\cos(-30°) \approx 52.0,$$

$$I_{m_2}\sin\varphi_2 = 60\sin(-30°) = -30,$$

$$I_m = \sqrt{(70.7 + 52.0)^2 + (70.7 - 30)^2} = \sqrt{122.7^2 + 40.7^2} \approx 129\ (A),$$

$$\varphi = \arctan\left(\frac{70.7 - 30}{70.7 + 52.0}\right) = \arctan\left(\frac{40.7}{122.7}\right) \approx 18°21',$$

故得

$$i = 129\sin(\omega t + 18°21')\ (A).$$

（2）通过解三角形求解相量图.

先作出表示电流 i_1 和 i_2 的幅值相量 $\dot{I}_{m_1}$ 和 $\dot{I}_{m_2}$，然后以 $\dot{I}_{m_1}$ 和 $\dot{I}_{m_2}$ 为邻边作一平行四边形，其对角线即为总电流 i 的幅值相量 $\dot{I}_m$，它的长度即为幅值，它与横轴正方向间的夹角即为初相，如图 2 - 70 所示.

因为 i_1 与 i_2 的相位差 $\varphi_1-\varphi_2=45^\circ-(-30^\circ)=75^\circ$，所以在 $\triangle ABC$ 中，由余弦定理得

$$\begin{aligned}I_m^2&=I_{m_1}^2+I_{m_2}^2-2I_{m_1}I_{m_2}\cos(180^\circ-75^\circ)\\&=100^2+60^2-2\times100\times60\times\cos105^\circ\\&\approx16\,706,\end{aligned}$$

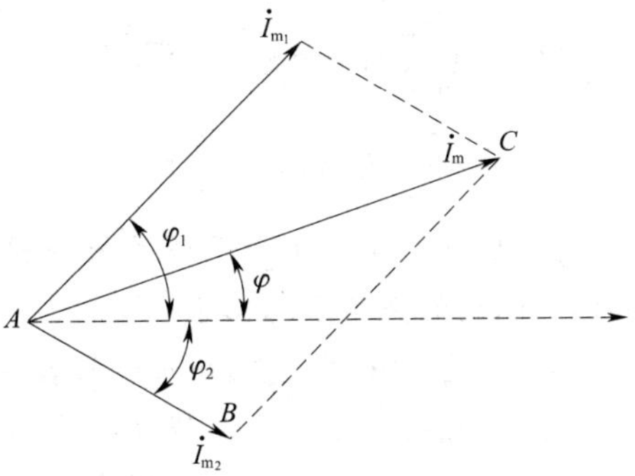

图 2－70

因此，i 的幅值

$$I_m=\sqrt{16\,706}\approx129\ (\text{A}).$$

又根据正弦定理，有

$$\sin(\varphi+30^\circ)=\frac{I_{m_1}\sin105^\circ}{I_m}=\frac{100\sin105^\circ}{129}\approx0.748\,8,$$

所以 i 的初相为

$$\varphi=\arcsin0.748\,8-30^\circ\approx18^\circ29',$$

于是

$$i=129\sin(\omega t+18^\circ29')\ (\text{A}).$$

◎专业知识链接

1. 交流电在某一时刻的值称为在这一时刻交流电的瞬时值，最大的瞬时值称为最大值. 电压、电流的最大值分别用符号 U_m，I_m 表示.

2. 交流电的有效值是根据电流的热效应来规定的，让一个交流电流和一个直流电流分别通过阻值相同的电阻，如果在相同的时间内产生的热量相等，那么就把这一直流电的数值叫作这一交流电的有效值. 电压、电流的有效值分别用大写字母 U，I 表示.

3. 正弦交流电的有效值和最大值之间有以下关系：

$$U=\frac{U_m}{\sqrt{2}},\ I=\frac{I_m}{\sqrt{2}}.$$

课 后 习 题

1. 回答下列问题：

(1) $\sin\left(\arcsin\frac{\sqrt{7}}{3}\right)=\frac{\sqrt{7}}{3}$ 是否成立？为什么？

(2) $\arccos(-1.3)$ 有意义吗？请说明理由.

(3) $\sin120^\circ=\frac{\sqrt{3}}{2}$，能不能说 $\arcsin\frac{\sqrt{3}}{2}=120^\circ$？

(4) 是否有这样的 x 值，使 $\arcsin\frac{\pi}{2}=x$ 成立？

2. 计算：

(1) $-\arccos(-1)$；　(2) $\sin\left(\arccos\frac{\sqrt{3}}{2}\right)$；　(3) $\arccos\left(\sin\frac{5\pi}{3}\right)$；

(4) $\sin\left[\dfrac{\pi}{3}+\arcsin\left(-\dfrac{\sqrt{3}}{2}\right)\right]$; (5) $\cos\left[\arccos\dfrac{4}{5}+\arcsin\left(-\dfrac{5}{13}\right)\right]$;

(6) $\tan\left[\dfrac{1}{2}\arcsin\left(-\dfrac{3}{5}\right)\right]$; (7) $\sin\left[2\arcsin\left(-\dfrac{3}{5}\right)\right]$.

3. 已知一个三角形两边的长分别为 12 cm 和 16 cm，面积是 70 cm²，试用反三角函数把已知两边的夹角表示出来.

4. 在 △ABC 中，已知三边的长分别为 a，b 和 c，求角 C.

5. 如图 2-71 所示，锥体冲头的斜长 l＝40 mm，直径 D＝43 mm，求 α 的大小.

6. 如图 2-72 所示，试用反三角函数表示出燕尾角 α.

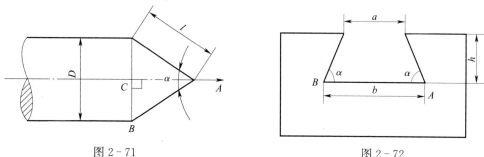

图 2-71   图 2-72

7. 如图 2-73 所示，试写出计算工件中间的圆弧长的公式.

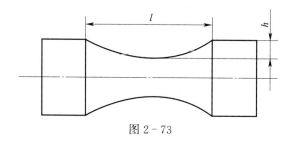

图 2-73

第三章

平面解析几何的应用——直线与二次曲线

利用三角函数关系进行分析计算，具有分析直观、计算简便等优点，但有时需要添加若干条辅助线，并且需要分析多个三角形之间的几何关系．而应用平面解析几何计算，可省掉一些复杂三角关系的分析，用简单的数学方程即可准确地描述零件轮廓的几何形状，减少了较多次的中间运算，使计算误差大大减小．尤其是在数控机床加工的手工编程中，应用平面解析几何计算更是较普遍的计算方法之一．

知识框图

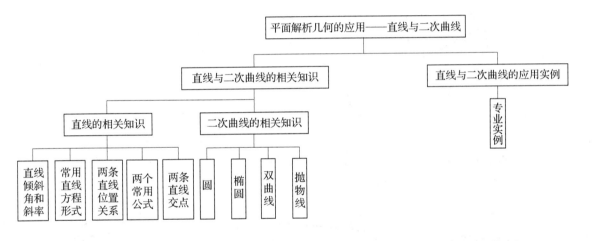

学习目标

1. 在中级工阶段的数学基础上，巩固掌握直线、二次曲线及对称性相关的知识点．

2. 熟练应用直线和二次曲线的相关知识解决生活、生产中的实际问题，增强数学知识的应用能力，体现数学的实用性、工具性、重要性以及为专业课服务的要求．

3. 能够灵活、熟练地使用计算器．

4. 在数学知识应用于实践的过程中，深刻体会"数形结合"思想，提高数学建模能力．

5. 在解决实际问题的过程中，进一步提高运算、识图与作图、信息处理、数据处理、信息整合等综合能力．

实例引入

在数控加工过程中，数控机床编程遵循特定规则，如图3-1所示，它反映的是一个零件从图样到工件成品的整个加工流程．在该流程中，数学处理环节，即数值计算起到了决定性作用. 数值计算包括计算工件轮廓的基点和节点坐标，在实际应用过程中又以直线与二次曲线的交点计算最为常见.

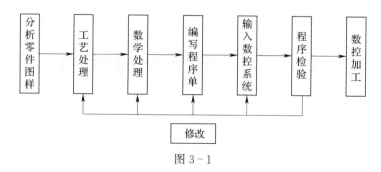

图 3-1

生活中常见到的舵轮、铲子和小镜子等的手柄上都有椭圆弧面，例如图 3-2 所示. 这些弧面在普通机床上加工困难，需要进行数控加工.

图 3-2

图 3-3 所示为要进行数控加工的工件，其中点 A 是椭圆与直线的切点. 在数学处理环节，需要计算出 A 的坐标，如何进行计算呢？

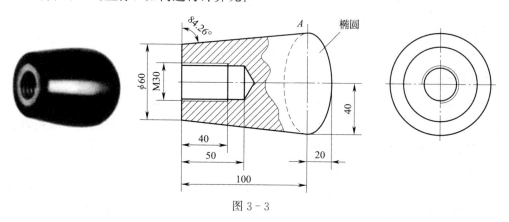

图 3-3

通过研究图样，我们可以用下面的方法处理这个问题：

（1）建立以椭圆中心为原点的直角坐标系，如图 3-4 所示；

（2）在所建立的坐标系中，利用直线与二次曲线知识、对应图样中所给尺寸，分别写出直线 AB 和椭圆的方程；

（3）联立直线、椭圆方程为方程组，求出方程组的解，即可得所需点 A 的坐标.

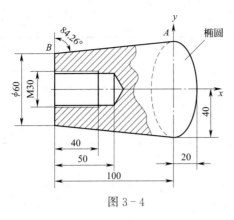

图 3‑4

这种解决问题的数学方法体现了直线与二次曲线知识的应用. 本章将在复习回顾直线、二次曲线的知识基础上，通过多个实例的讲解体现直线与二次曲线应用的重要性、方便性.

§3‑1　直线与二次曲线的相关知识

由于被加工的零件轮廓多涉及直线和二次曲线，所以主要应用直线、二次曲线的方程、性质和相关公式. 现将它们列出如下.

一、直线的相关知识

1. 直线倾斜角和斜率

倾斜角	直线向上的方向与 x 轴正方向所成的最小正角，记作 α，且 $0° \leqslant \alpha < 180°$（即 $0 \leqslant \alpha < \pi$）
斜率	定义：直线倾斜角的正切值，记作 k，即 $k = \tan \alpha$；当 $\alpha = \dfrac{\pi}{2}$ 时，k 不存在
	公式：经过两个已知点 $P_1(x_1, y_1)$，$P_2(x_2, y_2)$ 的直线 l 的斜率 $k = \dfrac{y_2 - y_1}{x_2 - x_1}$（$x_1 \neq x_2$）

2. 常用直线方程

名称	已知条件	方程	局限性
点斜式	直线上一点 P_0 (x_0, y_0) 和斜率 k	$y - y_0 = k(x - x_0)$	不包括垂直于 x 轴的直线
斜截式	斜率 k 和纵截距 b	$y = kx + b$	不包括垂直于 x 轴的直线
两点式	直线上两点 $P_1(x_1, y_1)$，$P_2(x_2, y_2)$	$\dfrac{y - y_1}{y_2 - y_1} = \dfrac{x - x_1}{x_2 - x_1}$ $(x_2 \neq x_1,\ y_2 \neq y_1)$	不包括垂直于 x 轴和 y 轴的直线
截距式	横截距 a 和纵截距 b	$\dfrac{x}{a} + \dfrac{y}{b} = 1$	不包括垂直于 x 轴和 y 轴或过原点的直线
一般式	其他方程形式	$Ax + By + C = 0$ （A，B 不同时为零）	无限制，可表示任何位置的直线

3. 两条直线位置关系

关　系	结　论
平行且不重合	$l_1 /\!/ l_2 \Leftrightarrow k_1 = k_2$ （$b_1 \neq b_2$）
垂直	$l_1 \perp l_2 \Leftrightarrow k_1 = -\dfrac{1}{k_2}$ （k_1，k_2 都存在且不为零）

4. 常用公式

点 P_0 （x_0，y_0）到直线 l：$Ax + By + C = 0$ 的距离	$d = \dfrac{\lvert Ax_0 + By_0 + C \rvert}{\sqrt{A^2 + B^2}}$
两点 P_1 （x_1，y_1），P_2 （x_2，y_2）间的距离	$d = \sqrt{(x_2 - x_1)^2 + (y_2 - y_1)^2}$
M 为 P_1 （x_1，y_1），P_2 （x_2，y_2）的中点	$M\left(\dfrac{x_1 + x_2}{2}, \dfrac{y_1 + y_2}{2}\right)$

5. 两条直线交点

求两条直线交点的坐标实质就是求它们的方程所组成的方程组的解.

例 3 - 1　已知两点 A （2，-3），B （-1，0）在直线 l 上，求直线 l 的斜率 k 和倾斜角 α.

解题思路

利用斜率公式代入数据计算，即可求得斜率；再利用特殊角的三角函数值和倾斜角的取值范围，从而确定倾斜角的大小.

解：由斜率公式得

$$k = \frac{0 - (-3)}{-1 - 2} = -1.$$

因为倾斜角的范围为

$$0° \leqslant \alpha < 180°,$$

所以倾斜角

$$\alpha = 135°.$$

例 3 - 2　求经过点 （-1，3）且与直线 $3x + 2y - 1 = 0$ 平行的直线方程.

解题思路

利用互相平行的直线斜率相等的结论，可以得到所求直线的斜率；再利用点斜式方程代入即可.

解：因为 $3x + 2y - 1 = 0$ 可写为

$$y = -\frac{3}{2}x + \frac{1}{2},$$

所以直线 $3x + 2y - 1 = 0$ 的斜率

$$k = -\frac{3}{2},$$

则所求直线的斜率为

$$k' = -\frac{3}{2}.$$

由点斜式得所求直线方程为

$$y-3=-\frac{3}{2}\ (x+1),$$

整理得一般式方程为

$$3x+2y-3=0.$$

二、二次曲线的相关知识

机械加工中经常用到的二次曲线有圆、椭圆、双曲线和抛物线，现将它们的定义、标准方程、图形、性质列表如下：

名称	圆	椭　圆	双曲线	抛物线
定义	平面内到一定点的距离为定长的动点的轨迹	平面内到两定点的距离之和为定长的动点的轨迹	平面内到两定点的距离之差的绝对值为定长的动点的轨迹	平面内到一定点和到定直线距离相等的动点的轨迹
标准方程	$(x-a)^2+(y-b)^2=r^2$	$\dfrac{x^2}{a^2}+\dfrac{y^2}{b^2}=1\ (a>b>0)$ （焦点在 x 轴）	$\dfrac{x^2}{a^2}-\dfrac{y^2}{b^2}=1\ (a>0,\ b>0)$ （焦点在 x 轴）	$y^2=2px\ (p>0)$ （焦点在 x 轴正半轴）
图形				
顶点	—	$A\ (\pm a,\ 0),\ B\ (0,\ \pm b)$	$A\ (\pm a,\ 0)$	$O\ (0,\ 0)$
焦点	—	$F\ (\pm c,\ 0),\ b^2=a^2-c^2$	$F\ (\pm c,\ 0),\ b^2=c^2-a^2$	$F\left(\dfrac{p}{2},\ 0\right)$
准线	—	$x=\pm\dfrac{a^2}{c}$	$x=\pm\dfrac{a^2}{c}$	$x=-\dfrac{p}{2}$

名称	椭圆	双曲线
标准方程	$\dfrac{y^2}{a^2}+\dfrac{x^2}{b^2}=1\ (a>b>0)$ （焦点在 y 轴上）	$\dfrac{y^2}{a^2}-\dfrac{x^2}{b^2}=1\ (a>0,\ b>0)$ （焦点在 y 轴上）
图形		
顶点	$A\ (0,\ \pm a),\ B\ (\pm b,\ 0)$	$A\ (0,\ \pm a)$
焦点	$F\ (0,\ \pm c),\ b^2=a^2-c^2$	$F\ (0,\ \pm c),\ b^2=c^2-a^2$
准线	$y=\pm\dfrac{a^2}{c}$	$y=\pm\dfrac{a^2}{c}$

名称	抛物线		
标准方程	$y^2=-2px\ (p>0)$ （焦点在 x 轴负半轴上）	$x^2=2py\ (p>0)$ （焦点在 y 轴正半轴上）	$x^2=-2py\ (p>0)$ （焦点在 y 轴负半轴上）
图形			
顶点	$(0,0)$	$(0,0)$	$(0,0)$
焦点	$\left(-\dfrac{p}{2},0\right)$	$\left(0,\dfrac{p}{2}\right)$	$\left(0,-\dfrac{p}{2}\right)$
准线	$x=\dfrac{p}{2}$	$y=-\dfrac{p}{2}$	$y=\dfrac{p}{2}$

例 3-3 已知圆的标准方程为 $(x+3)^2+(y-6)^2=64$，求解以下问题：

（1）写出圆心 C 的坐标和圆半径 r；

（2）确定直线 $3x-4y-2=0$ 与圆的位置关系.

解题思路

（1）利用圆的标准方程的性质即可得到结果；

（2）利用点到直线的距离公式求得圆心到直线的距离并与半径相比较，即可判断直线与圆的位置关系.

解：（1）由圆的标准方程得 $a=-3$，$b=6$，$r^2=64$，所以圆心 C 的坐标为 $(-3,6)$，半径 r 为 8.

（2）因为圆心到直线的距离

$$d=\frac{|3\times(-3)-4\times6-2|}{\sqrt{3^2+(-4)^2}}=7<8,$$

所以直线 $3x-4y-2=0$ 与圆 $(x+3)^2+(y-6)^2=64$ 相交.

例 3-4 已知离心率为 $\dfrac{1}{2}$ 的椭圆的右焦点与抛物线 $y^2=16x$ 的焦点重合，倾斜角为 $45°$ 的直线 l 过椭圆的左焦点，且与椭圆交于 A、B 两点. 求：

（1）椭圆的标准方程；

（2）直线 l 的方程.

解题思路

（1）由抛物线的性质，可求得抛物线 $y^2=16x$ 的焦点，即为所求椭圆的焦点，因而可知椭圆焦点所在轴及半焦距 c；再利用离心率公式可求出长半轴长 a，则由 $b^2=a^2-c^2$ 可求 b，从而确定椭圆标准方程；

（2）由（1）可确定椭圆的左焦点，所以利用直线点斜式方程即可求得直线方程.

解：（1）由抛物线标准方程 $y^2=16x$ 可知，抛物线焦点在 x 轴正半轴且

$$2p=16,$$

所以椭圆焦点为

$$(4,0),$$

即椭圆的右焦点为（4，0），左焦点为（−4，0），且

$$c=4.$$

因为椭圆的离心率为 $\frac{1}{2}$，所以有

$$e=\frac{c}{a}=\frac{4}{a}=\frac{1}{2},$$

则

$$a=8,$$

所以

$$b^2=a^2-c^2=64-16=48.$$

所以椭圆的标准方程为

$$\frac{x^2}{64}+\frac{y^2}{48}=1.$$

（2）因为直线 l 斜率

$$k=\tan\alpha=\tan 45°=1,$$

所以直线 l 的方程为

$$y-0=1\cdot(x+4),$$

即

$$x-y+4=0.$$

例 3-5 根据下列条件求出双曲线的标准方程：

（1）双曲线的中心为坐标原点，离心率为 2，焦点在 x 轴上，双曲线上任意一点到两个焦点的距离之差的绝对值是 10；

（2）双曲线以椭圆 $x^2+4y^2=64$ 的焦点为顶点，其渐进线方程为 $y=\pm\frac{\sqrt{5}}{4}x.$

解：（1）由题意可设双曲线方程为 $\frac{x^2}{a^2}-\frac{y^2}{b^2}=1$（$a>0$，$b>0$），则

$$e=\frac{c}{a}=2，2a=10,$$

解得

$$a=5，c=10.$$

所以

$$b^2=c^2-a^2=100-25=75,$$

则双曲线标准方程为

$$\frac{x^2}{25}-\frac{y^2}{75}=1.$$

（2）椭圆 $x^2+4y^2=64$ 的标准方程为

$$\frac{x^2}{64}+\frac{y^2}{16}=1,$$

所以

$$a^2=64,\ b^2=16,$$

则

$$c=\sqrt{64-16}=4\sqrt{3}.$$

所以椭圆焦点为（$\pm4\sqrt{3}$，0），也是双曲线顶点，则双曲线中

$$a_{双}=4\sqrt{3},$$

又因为双曲线渐进线方程为

$$y=\pm\frac{\sqrt{5}}{4}x,$$

所以

$$\frac{b_{双}}{a_{双}}=\frac{\sqrt{5}}{4}=\frac{b_{双}}{4\sqrt{3}},$$

解得

$$b_{双}=\sqrt{15}.$$

所以双曲线标准方程为

$$\frac{x^2}{48}-\frac{y^2}{15}=1.$$

§3-2 直线与二次曲线的应用实例

下面通过几个实例分析来介绍应用平面解析几何知识的方法.

例3-6 数控铣床加工是依据工件在机床所设定的坐标系下点的坐标来进行的. 如图3-5所示为待加工工件图，请写出图中点1～10的坐标.

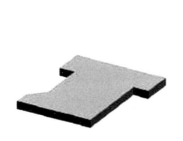
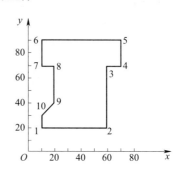

图3-5

解题思路

从图中标注可以看出，图中横、纵轴上的单位长度均为10，则按照每个点相对于横、纵轴的长度即可写出其坐标.

解: 观察图3-5可得所求各点在 xOy 坐标.

1 (10, 20), 2 (60, 20), 3 (60, 70), 4 (70, 70), 5 (70, 90), 6 (10, 90), 7 (10, 70), 8 (20, 70), 9 (20, 40), 10 (10, 30).

例 3-7 如图 3-6 所示，要加工一零件，需知其上点 1～5 的坐标，请根据所掌握的坐标系知识写出.

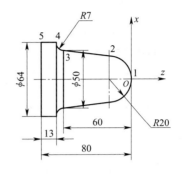

图 3-6

解题思路

此题应注意，要依据各点在坐标系中所处的象限位置，确定各自横、纵坐标的正负号.

解： 由图可知

$$1\ (0,\ 0),\ 2\ (20,\ -20),\ 3\ (25,\ -60),$$
$$4\ (32,\ -67),\ 5\ (32,\ -80).$$

例 3-8 某零件如图 3-7 所示，试根据图示尺寸求 C 孔中心到直线 AB 的距离和 C 孔与 D 孔的中心距（精确到 0.01 mm）.

解题思路

由图 3-7 中可知点 A，C，D 的坐标，所以解题关键是建立直线 AB 的方程.

由已知条件，直线 AB 的方程可利用直线方程的点斜式求得.

解： 因为

$$|OC| = 160.2 - 54.2 = 106,$$

所以由图 3-7 得

$A\ (-190.8,\ 0)$，$C\ (0,\ -106)$，$D\ (-120,\ -40)$，

则 C 孔与 D 孔的中心距为

$$|CD| = \sqrt{(-120-0)^2 + (-40+106)^2}$$
$$\approx 136.95\ (\text{mm}).$$

因为

$$\alpha_{AB} = 180° - 60° = 120°,$$

所以

$$k_{AB} = \tan 120° \approx -1.732.$$

因此直线 AB 的点斜式方程为

$$y = -1.732\ (x+190.8),$$

整理得

$$1.732x + y + 330.4656 = 0.$$

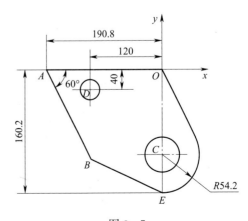

图 3-7

所以 C 孔到直线 AB 的距离为

$$d = \frac{|1.732 \times 0 - 106 + 330.465\,6|}{\sqrt{1.732^2 + 1^2}} \approx 112.24 \text{ (mm)}.$$

即 C 孔到直线 AB 的距离约为 112.25 mm，C 孔与 D 孔的中心距约为 136.95 mm.

例 3-9 在数控机床上加工一工件，已知编程用轮廓尺寸如图 3-8 所示，试建立直角坐标系并求基点 B 的坐标（精确到 0.01）.

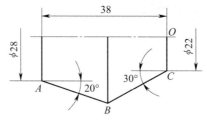

• 提示
基点是指构成零件轮廓的不同素线的交点或切点.

图 3-8

解题思路

本题图中的几何关系比较简单．结合专业知识，只要将坐标原点放在尺寸图的右上角位置，以 O 为原点，建立如图 3-9 所示的直角坐标系，那么直线 l_1 和 l_2 的交点坐标就是所求基点 B 的坐标.

方法：先利用点斜式写出直线 l_1 和 l_2 的方程，再把两方程组成方程组求解即可.

解： 按图 3-9 所示建立直角坐标系.

因为

$$\alpha_{l_1} = 180° - 20° = 160°,$$

所以

$$k_{l_1} = \tan 160°.$$

因为 l_1 过点 A（-38，-14），所以利用直线点斜式方程得 l_1 方程为

$$y + 14 = \tan 160°(x + 38),$$

同理得 l_2 方程为

$$y + 11 = \tan 30° x.$$

解方程组

$$\begin{cases} y + 14 = \tan 160°(x + 38), \\ y + 11 = \tan 30° x, \end{cases}$$

得

$$\begin{cases} x \approx -17.88, \\ y \approx -21.32. \end{cases}$$

即基点 B 的坐标（-17.88，-21.32）.

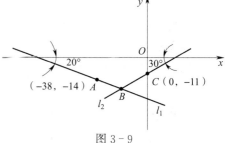

图 3-9

• 思考
本例也能利用三角函数计算法解答．同学们可以试一试，对两种方法进行比较，体会解析法的方便之处.

例 3-10 在数控机床上加工一工件，已知编程用轮廓尺寸如图 3-10 所示，试求其基点 B，C 及圆心 D 的坐标.

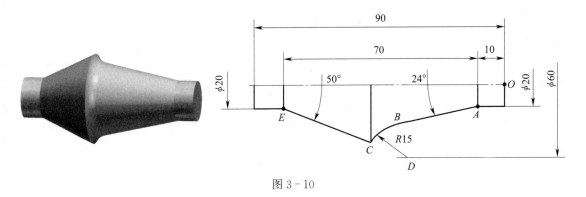

图 3-10

解题思路

此题几何关系比较简单. 关键是建立 $R15$ mm 圆弧所在圆的方程，也就是要先计算出 $R15$ mm 圆弧所在圆的圆心 D 的坐标，再与直线方程联立成方程组求解即可.

方法：结合数控编程要求，将坐标原点放在尺寸图的右上角位置，建立如图 3-11 所示的直角坐标系. 先利用点到直线的距离公式求得圆心 D 的坐标，进而分别联立直线 l_1，l_2 的方程与圆方程为方程组，求解方程组，计算出基点 B，C 的坐标.

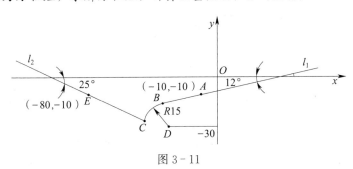

图 3-11

解：如图 3-11 所示建立直角坐标系. 因为

$$\alpha_{l_1} = \frac{24°}{2} = 12°,$$

则

$$k_{l_1} = \tan 12°,$$

所以直线 l_1 的点斜式方程为

$$y + 10 = \tan 12° (x + 10).$$

同理得直线 l_2 的方程为

$$y + 10 = \tan 155° (x + 80).$$

设 $R15$ mm 圆弧圆心 D 的坐标为 $(x_D, -30)$，因为点 D 到直线 l_1 的距离是 15，利用点到直线的距离公式有

$$15 = \frac{|\tan 12° x_D + 30 + 10\tan 12° - 10|}{\sqrt{(\tan 12°)^2 + (-1)^2}},$$

解得

$$x_D \approx -31.95,$$

即圆心 D 的坐标是

$$(-31.95, -30),$$

所以圆方程为

$$(x+31.95)^2+(y+30)^2=15^2.$$

解方程组

$$\begin{cases} y+10=\tan 12°(x+10), \\ (x+31.95)^2+(y+30)^2=15^2, \end{cases}$$

得

$$\begin{cases} x\approx-35.07, \\ y\approx-15.33, \end{cases}$$

即点 B 的坐标为

$$(-35.07, -15.33).$$

解方程组

$$\begin{cases} y+10=\tan 155°(x+80), \\ (x+31.95)^2+(y+30)^2=15^2, \end{cases}$$

得

$$\begin{cases} x\approx-46.32, \\ y\approx-25.71, \end{cases} \quad\text{或}\quad \begin{cases} x\approx-19.42, \\ y\approx-38.25. \end{cases} \text{(舍)}$$

即点 C 的坐标为

$$(-46.32, -25.71).$$

所以基点及圆心的坐标分别是 B $(-35.07, -15.33)$，C $(-46.32, -25.71)$，D $(-31.95, -30)$.

例 3-11 如图 3-12 所示为一简易轴承座，试求出 $R16$ mm 圆弧所在圆的圆心 A 在所给坐标系下的坐标.

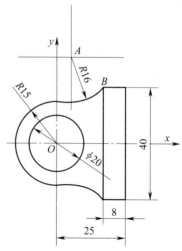

图 3-12

解题思路

观察图样可以看出，点 A 是以原点 O 为圆心、半径为 $15+16=31$ 的圆 O 与以 B 点为圆心、16 为半径的圆 B 的交点，而圆 O 与圆 B 的方程由图中数据可直接写出，所以两方程联立成方程组求解，即可完成本题，其中 $0<x_A<15$，$y_A>20$.

解： 因为点 B 的坐标为 $(17,20)$，则以点 B 为圆心、16 为半径的圆 B 的方程是

$$(x-17)^2+(y-20)^2=16^2.$$

同理，以点 O 为圆心、$16+15=31$ 为半径的圆 O 的方程是

$$x^2+y^2=31^2,$$

解方程组

$$\begin{cases} (x-17)^2+(y-20)^2=16^2, \\ x^2+y^2=31^2, \end{cases}$$

得

$$\begin{cases} x\approx5.00, \\ y\approx30.60, \end{cases} \quad 或 \quad \begin{cases} x\approx29.39, \\ y\approx9.87. \end{cases} （舍）$$

即所求 $R16$ mm 圆弧所在圆的圆心 A 的坐标为 $(5.00,30.60)$.

例 3 - 12 某车间学生为丰富课余文化生活准备自行加工一套跳棋，设计图样如图 3 - 13 所示. 该跳棋采用数控车床加工，已知 $R12$ mm 圆弧分别与 $R10$ mm 圆弧和直线相切，现需计算在图示坐标系下 A，B 两切点的坐标值.

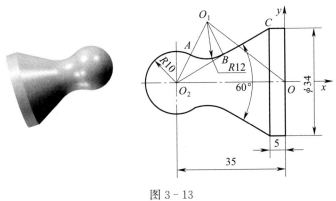

图 3 - 13

解题思路

分析设计图可知，点 B 是直线 BC 与 $R12$ mm 圆弧的切点，所以可以联立二者方程为方程组求解，即可得出点 B 的坐标. 同理可以计算出 A 点坐标. 直线 BC 和 $R10$ mm 圆弧的方程都可以由充足的设计条件写出，关键是要建立 $R12$ mm 圆弧的方程，即找出 $R12$ mm 圆弧圆心 O_1 的坐标.

解： 在 $Rt\triangle O_1BO_2$ 中

$$\sin\angle O_1O_2B=\frac{O_1B}{O_1O_2}=\frac{12}{10+12}=\frac{6}{11},$$

则

$$\angle O_1O_2B\approx33.06°,$$

$$\angle O_1 O_2 O \approx 33.06° + \frac{60°}{2} = 63.06°.$$

在 $\triangle O_1 O O_2$ 中运用余弦定理得

$$O_1 O^2 = 35^2 + 22^2 - 2 \times 35 \times 22 \times \cos 63.06°,$$

开方得

$$O_1 O \approx 31.80.$$

解方程组

$$\begin{cases} (x+35)^2 + y^2 = 22^2, \\ x^2 + y^2 = 31.80^2, \end{cases}$$

得

$$\begin{cases} x \approx -25.03, \\ y \approx 19.61, \end{cases} \quad 或 \quad \begin{cases} x \approx -25.03, \\ y \approx -19.61. \end{cases} （舍）$$

即点 O_1 的坐标为 $(-25.03, 19.61)$.

因为点 C 的坐标为 $(-5.555, 17)$, 直线 BC 的方程为

$$y - 17 = \tan \frac{60°}{2} (x + 5.555),$$

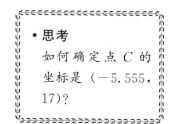

• 思考

如何确定点 C 的坐标是 $(-5.555,$ $17)$?

所以解方程组

$$\begin{cases} (x+25.03)^2 + (y-19.61)^2 = 12^2, \\ y - 17 = \tan 30° (x + 5.555), \end{cases}$$

得

$$\begin{cases} x \approx -19.03, \\ y \approx 9.22, \end{cases}$$

则点 B 的坐标是 $(-19.03, 9.22)$.

再解方程组

$$\begin{cases} (x+25.03)^2 + (y-19.61)^2 = 12^2, \\ (x+35)^2 + y^2 = 10^2, \end{cases}$$

得

$$\begin{cases} x \approx -30.46, \\ y \approx 8.91, \end{cases}$$

所以点 A 的坐标是 $(-30.46, 8.91)$.

例 3 - 13 如图 3 - 14 所示的零件中 $\overset{\frown}{ABC}$ 为椭圆弧, 其中 AC 过椭圆弧所在椭圆 $\dfrac{x^2}{3\,600} + \dfrac{y^2}{1\,600} = 1$ 的焦点, 试计算加工时的锥度 C.

解题思路

根据图中尺寸和条件可知, 要计算锥度必须先确定大端直径 D, 即 $AC = 2y_A$, 就转化为求 A 点坐标 (x_A, y_A) 的问题. 根据已知条件, $x_A = -c$ 容易算出, 只要把 (x_A, y_A) 代入椭圆方程求解即可, 其中 $x_A < 0$, $y_A > 0$.

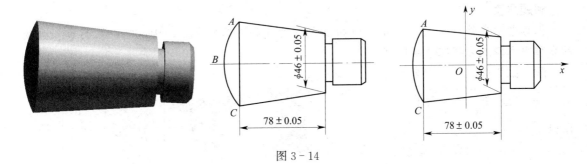

图 3-14

解： 因为椭圆方程为

$$\frac{x^2}{3\,600} + \frac{y^2}{1\,600} = 1,$$

所以

$$a^2 = 3\,600, \quad b^2 = 1\,600,$$

于是

$$\begin{aligned} c &= \sqrt{a^2 - b^2} \\ &= \sqrt{3\,600 - 1\,600} \\ &\approx 44.721. \end{aligned}$$

因为 AC 过椭圆弧所在椭圆 $\dfrac{x^2}{3\,600} + \dfrac{y^2}{1\,600} = 1$ 的焦点，所以

$$x_A = -c = -44.721,$$

代入椭圆方程得

$$\frac{(-44.721)^2}{3\,600} + \frac{y^2}{1\,600} = 1,$$

解得

$$y_A \approx 26.667 \quad 或 \quad y_A \approx -26.667(舍),$$

所以

$$D = 2y_A = 53.334.$$

因为

$$d = 46, \quad L = 78,$$

所以

$$\begin{aligned} C &= \frac{D - d}{L} \\ &= \frac{53.334 - 46}{78} \\ &\approx 0.094, \end{aligned}$$

即锥体零件的锥度约为 0.094.

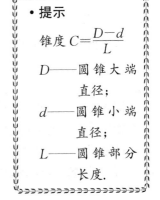

·提示

锥度 $C = \dfrac{D - d}{L}$

D——圆锥大端直径；

d——圆锥小端直径；

L——圆锥部分长度.

例 3-14 某工件如图 3-15 所示，其中 $\overset{\frown}{AB}$，$\overset{\frown}{DC}$ 均为椭圆弧，$\overset{\frown}{AD}$，$\overset{\frown}{BC}$ 均为双曲线弧，在加工时需确定 A，B，C，D 四点的坐标. 现已知椭圆弧的方程为 $\dfrac{x^2}{80} + \dfrac{y^2}{50} = 1$，而双曲线的顶点和椭圆的焦点重合，双曲线的焦点和椭圆长轴的端点重合，试求 A，B，C，D 四点的坐标.

解题思路

根据题中条件可知 A，B，C，D 四点是双曲线和椭圆的交点，所以可把双曲线和椭圆的方程联立组成方程组求解即可.

解：因为椭圆的方程为

$$\frac{x^2}{80} + \frac{y^2}{50} = 1,$$

所以

$$a^2 = 80,\ b^2 = 50,$$

则

$$c = \sqrt{a^2 - b^2} = \sqrt{30}.$$

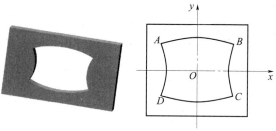

图 3 - 15

因为双曲线的顶点和椭圆的焦点重合，双曲线的焦点和椭圆长轴的端点重合

所以

$$c_{双} = a = 4\sqrt{5},\ a_{双} = c = \sqrt{30},$$

则

$$b_{双} = \sqrt{c_{双}^2 - a_{双}^2} = \sqrt{80 - 30}$$

$$= 5\sqrt{2},$$

所以双曲线的方程为

$$\frac{x^2}{30} - \frac{y^2}{50} = 1.$$

解方程组

$$\begin{cases} \dfrac{x^2}{80} + \dfrac{y^2}{50} = 1, \\ \dfrac{x^2}{30} - \dfrac{y^2}{50} = 1, \end{cases}$$

得

$$\begin{cases} x \approx \pm 6.606, \\ y \approx \pm 4.767. \end{cases}$$

所以根据图形得四点的坐标分别是：

$$A\,(-6.606,\ 4.767),\ B\,(6.606,\ 4.767),$$

$$C\,(6.606,\ -4.767),\ D\,(-6.606,\ -4.767).$$

例 3 - 15 某烘箱的热能反射罩如图 3 - 16 所示，它为一抛物柱面，电热丝穿过其横截面抛物线的焦点且平行于母线，可使热能向一个方向均匀辐射. 其截面尺寸如图 3 - 17 所示，试根据图示尺寸求电热丝到抛物柱面横截面顶点的距离.

解：设抛物柱面截面的抛物线方程是

$$y^2 = 2px.$$

因为

$$A(45, 80),$$

所以代入抛物线方程得

$$80^2 = 2p \times 45,$$

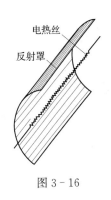

电热丝

反射罩

图 3-16

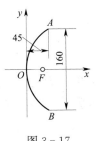

图 3-17

于是

$$p \approx 71.11,$$

所以焦点 $F\left(\dfrac{p}{2},\ 0\right)$ 的坐标为

$$(35.56,\ 0).$$

因此焦点到顶点的距离为 35.56 mm，即为电热丝到抛物柱面横截面顶点的距离.

例 3-16 用 $\phi 40 \times 60$ 的棒料型材在数控车床上加工如图 3-18 所示工件，编程原点设在工件右端面和主轴的回转中心上，求：

(1) 椭圆轮廓线所在椭圆的标准方程；

(2) 在编程坐标系下椭圆中心点坐标及椭圆轮廓线上基点 A，B 的坐标.

解：(1) 以椭圆中心 O' 为坐标原点建立直角坐标系 $xO'y$，作计算图如图 3-19 所示.由图中数据可知，椭圆中

$$a = 20 \text{ mm},\ b = 15 \text{ mm},$$

所以椭圆在直角坐标系 $xO'y$ 中的标准方程是

$$\frac{x^2}{20^2} + \frac{y^2}{15^2} = 1.$$

(2) 在直角坐标系 $xO'y$ 中，因为点 A 的横坐标为

$$x = \frac{30}{2} = 15,$$

所以代入椭圆标准方程有

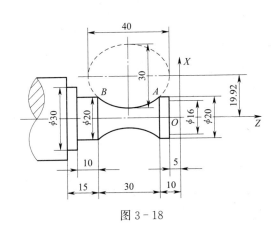

图 3-18

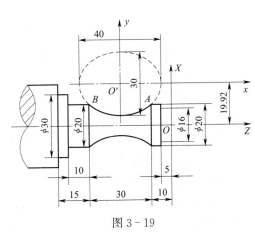

图 3-19

$$\frac{15^2}{20^2}+\frac{y^2}{15^2}=1,$$

解得点 A 的纵坐标为

$$y=-15\sqrt{1-\frac{15^2}{20^2}}\approx-9.922.$$

利用对称性，点 B 横坐标为 -15，纵坐标为 -9.922。

所以在编程坐标系 XOZ 下，椭圆中心 O' 的 X 坐标是 19.92，Z 坐标是

$$-\left(\frac{30}{2}+10\right)=-25,$$

即 O'（19.92，-25）；基点 A 的 X 坐标是 $19.92-9.922=9.998$，Z 坐标是 -10，即

$$A（9.998，-10）;$$

基点 B 的 X 坐标是 $19.92-9.922=9.998$，Z 坐标是

$$-（10+30）=-40,$$

即 B（9.998，-40）。

综合本节例题可知：在专业实习和生产实践中，一些有关测量、检验尺寸及点（圆心、切点、交点等）的坐标并不在零件图中标注，而在实际加工时必须知道，这时可用平面解析几何法计算。解决问题的基本思路如下：

（1）分析零件图，明确几何关系；
（2）建立适当的直角坐标系（若零件图上已建立坐标系，此步骤省略）；
（3）由图示条件（长度、角度）确定已知点的坐标或建立直线（曲线）的方程；
（4）用距离公式、解方程组的方法求得所需的尺寸或点的坐标。

课 后 习 题

1. 图 3-20 所示为数控车削零件的零件图，在当前坐标系下试写出基点 1~5 的坐标值。

2. 某零件如图 3-21 所示，要在 A,B 两孔的中心连线上钻一个 D 孔，且使 $CD\perp AB$，试根据图示尺寸求 D 孔中心的坐标及 C，D 两孔中心的距离。

3. 某零件如图 3-22 所示，试求该零件的检验尺寸 AD（提示：$AD\perp BC$）。

4. 某零件如图 3-23 所示，$\overset{\frown}{AB}$，$\overset{\frown}{CD}$，$\overset{\frown}{EF}$ 是圆弧，BC，DE 是直线段。加工时要确定 $R8$ mm 圆弧的圆心位置，试求之。

5. 某零件如图 3-24 所示，求 $R60$ mm 圆弧的圆心坐标。

6. 某零件如图 3-25 所示，现要加工型面，试求 R（30 ± 0.05）mm 圆弧的圆心位置。

7. 在数控机床上加工一个葫芦饰件，轮廓尺寸如图 3-26 所示。试求 $R5$ mm 圆弧与 $R7.5$ mm 圆弧、$R10$ mm 圆弧相切的两个切点 A 与 B 在图示坐标系下的坐标值。

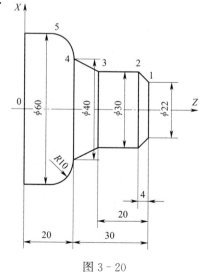

图 3-20

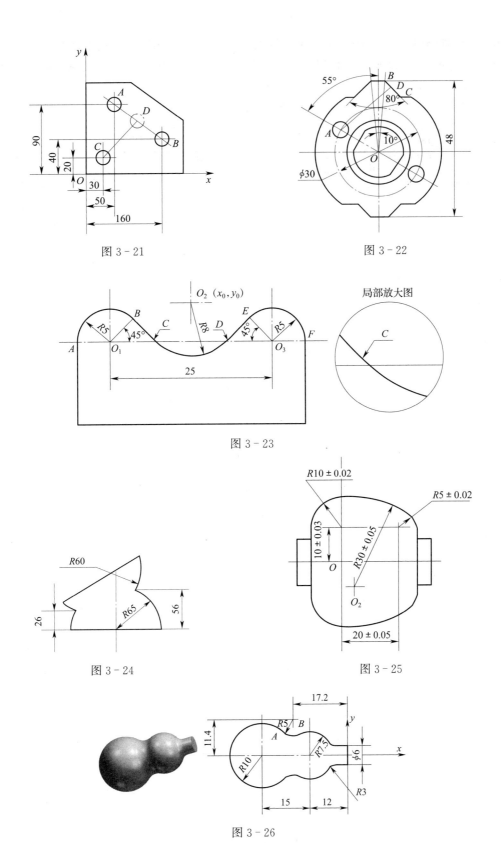

图 3 - 21

图 3 - 22

图 3 - 23

局部放大图

图 3 - 24

图 3 - 25

图 3 - 26

8. 某样板如图 3-27 所示，试根据图示尺寸求 R（25±0.02）mm 圆弧的圆心 O_2 的坐标.

9. 加工如图 3-28 所示的椭圆孔组合件，因划线及制作检验样板时都需要知道其方程，试根据图示尺寸求解.

10. 请完成本章开篇实例，求出 A 点坐标.

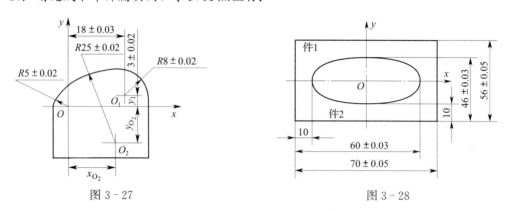

图 3-27

图 3-28

11. 某零件如图 3-29 所示，试根据尺寸求其检验样板的双曲线方程.

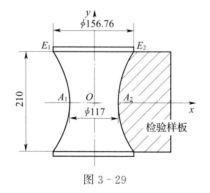

图 3-29

第四章

平面解析几何的应用——坐标系

点的坐标和曲线的方程与坐标系的选择有关，同一点或同一曲线在不同坐标系中的表示不同，方程有简有繁. 选择适当的坐标系可使曲线的方程简化，从而方便数值计算，便于讨论曲线的特征，解决实际问题.

知识框图

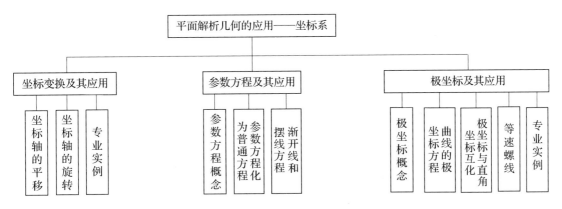

学习目标

1. 了解坐标变换的含义及参数方程、极坐标概念.

2. 理解坐标轴平移公式、坐标轴旋转公式，并正确使用.

3. 了解渐开线、摆线的参数方程及等速螺线的极坐标方程.

4. 能运用上述方程及公式解决实际问题，由此培养并增强逻辑思维能力、自我学习能力、解决问题能力，同时感受数学的实用魅力.

实例引入

如图 4-1 所示的叶轮是铣床加工中常见的复杂零件，它是由 6 个小叶片构成的. 在实际加工中由于有倒角等特殊工艺的存在，一般每个小叶片上都需要计算多个点的坐标. 若已知小叶片 1 上有 4 个点在图 4-2 所示坐标系下的坐标分别为 A (0.000，18.000)，B (0.000，19.000)，C (-4.490，2.200)，D (-3.962，3.050)，那么小叶片 2～6 上分别与 A，B，C，D 对应的点的坐标如何求得？

不难看出，此例若按一般几何方法求各点坐标，不仅难度

图 4-1

大，计算量大，同时也不利于在实际加工中保证加工精度．通过对零件图的观察发现，6 个小叶片的结构完全一致，只是每个叶片的位置相对旋转了60°．例如图 4－3 所示，把原坐标系 xOy 原点不动、逆时针旋转60°后得到新坐标系 x_1Oy_1．坐标系 x_1Oy_1 中叶片 1 的位置就相当于原坐标系 xOy 下叶片 2 的位置，也就是说，只要能求出坐标系 x_1Oy_1 中叶片 1 上的 A，B，C，D 四点坐标，也就知道了坐标系 xOy 中叶片 2 的四个对应点 A_2，B_2，C_2，D_2 的坐标．

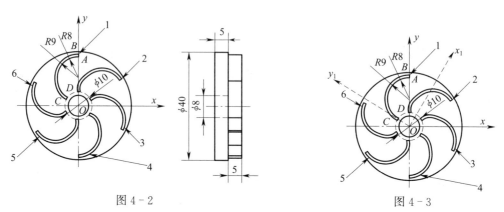

图 4－2　　　　　　　　　　　　　图 4－3

那如何方便、快捷地确定所需点 A_2，B_2，C_2，D_2 的坐标呢？我们可以利用坐标轴旋转公式，代入数值计算求得所需点的坐标，完成加工任务．

坐标轴旋转公式只是坐标系应用的一种情况，本章将对坐标系及应用的多种情况展开讲解.

§4－1　坐标变换及其应用

在一些实际情况的处理中，通过改变坐标系，能简化曲线方程，降低解答难度，快速解决问题．下面我们来研究利用坐标变换简化曲线方程的方法.

一、坐标轴的平移

如图 4－4 所示，直角坐标系 xOy（称它为旧坐标系）的原点为 O $(0，0)$，作新坐标系 $x'O'y'$，使新的坐标轴 $O'x'$ 和 $O'y'$ 分别与旧坐标轴 Ox 和 Oy 同向，且新坐标系原点 O' 在旧坐标系中的坐标为 $(h，k)$，各坐标轴的长度单位不变．这种只改变坐标系原点位置，而不改变坐标轴方向和长度单位的变换叫作坐标轴的平移，简称平移.

设 M 为平面内任意一点，它在旧坐标系中的坐标为 $(x，y)$，在新坐标系中的坐标为 $(x'，y')$．从图 4－4 可以看出，点 M 的新、旧坐标之间有如下关系：

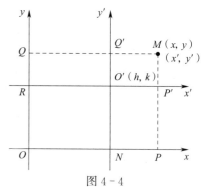

$$x = OP = ON + NP = RO' + O'P' = h + x'，$$

$$y = OQ = OR + RQ = NO' + O'Q' = k + y'，$$

所以有

图 4－4

$$\begin{cases} x' = x - h, \\ y' = y - k. \end{cases} \tag{4-1}$$

式（4-1）叫作坐标轴平移公式. 利用该公式可以进行点的新、旧坐标的转换，可以变换曲线方程的形式.

例 4-1 在数控加工中需要平移坐标轴，把坐标原点移至 $O'(1，1)$，则点 $P(2，3)$ 在新坐标下的位置是多少？

解： 由已知条件可知

$$x=2，y=3，h=1，k=1，$$

代入公式（4-1），得

$$x'=2-1=1，$$
$$y'=3-1=2.$$

所以点 P 的新坐标为（1，2）.

例 4-2 平移坐标轴，把原点移到 $O'(2，-1)$，求曲线 $x^2+y^2-4x+2y-4=0$ 在新坐标系下的方程，说明曲线类型并作图.

解： 设曲线上任意一点的新坐标为 $(x'，y')$，则

$$x=x'+2，y=y'-1，$$

代入原方程，整理得新坐标系下的曲线方程

$$(x')^2+(y')^2=9.$$

所以这条曲线是圆心在新原点 $O'(2，-1)$，半径为 3 的圆，如图 4-5 所示.

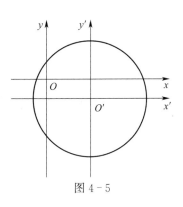

图 4-5

例 4-3 利用坐标轴平移，化简二元二次方程

$$x^2+2y^2+6x-4y-5=0，$$

使新方程不含 $x，y$ 的一次项，并说明曲线类型.

解： 把方程分别对 $x，y$ 进行配方，得

$$(x^2+6x+9)+2(y^2-2y+1)-9-2-5=0，$$

即

$$(x+3)^2+2(y-1)^2=16.$$

以 $O'(-3，1)$ 为新原点平移坐标轴，则

$$x=x'-3，y=y'+1，$$

代入原方程，整理得新坐标系下的曲线方程

$$(x')^2+2(y')^2=16，$$

即

$$\frac{(x')^2}{16}+\frac{(y')^2}{8}=1.$$

所以原二元二次方程表示一个椭圆，它的中心是新坐标系的原点 $O'(-3，1)$，焦点在 x' 轴上，如图 4-6 所示.

由上面几例可以看出，利用坐标轴平移化简曲线方程，实质上是把坐标原点移到曲线的对称中心，坐标轴平移到对称轴上，使曲线在新坐标系中的方程化为标准方程，以便能清楚地看到曲线的特征.

二、坐标轴的旋转

如图 4-7、图 4-8 所示，直角坐标系 xOy（称它为旧坐标系）的原点为 $O(0，0)$，把旧坐标系的两坐标轴绕着原点按同一方向旋转同一角度 θ，得到新坐标系 $x'Oy'$，且各坐标轴的长度单位不变. 这种坐标系的变换叫作坐标轴的旋转.

设 M 为平面上任意一点，它在旧坐标系中的坐标为 $(x，y)$，在新坐标系中的坐标为 $(x'，y')$. 从图 4-7 可以看出，坐标系 xOy 逆时针旋转（简称逆转）角度 θ，得到新坐标系 $x'Oy'$，点 M 的新、旧坐标之间有以下关系：

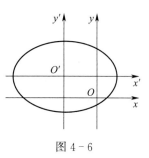

图 4-6

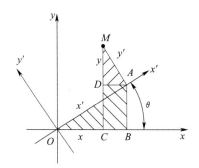

图 4-7

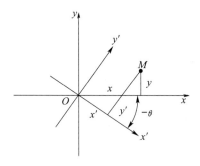

图 4-8

$$x = OC = OB - CB$$
$$= OB - DA$$
$$= x'\cos\theta - y'\sin\theta,$$
$$y = CM = CD + DM$$
$$= BA + DM$$
$$= x'\sin\theta + y'\cos\theta,$$

即由 $x'，y'$ 求 $x，y$ 的公式是

$$\begin{cases} x = x'\cos\theta - y'\sin\theta, \\ y = x'\sin\theta + y'\cos\theta. \end{cases} \tag{4-2}$$

反过来，由 $x，y$ 求 $x'，y'$，只要解上面两式所组成的方程组，就可得

$$\begin{cases} x' = x\cos\theta + y\sin\theta, \\ y' = y\cos\theta - x\sin\theta. \end{cases} \tag{4-3}$$

式（4-2）和式（4-3）是坐标系逆转时的计算公式.

若坐标系 xOy 顺时针旋转（简称顺转）角度 θ，得到新坐标系 $x'Oy'$，如图 4-8 所示. 将 $-\theta$ 代入基本关系式（4-2）和（4-3）中，点 M 的新、旧坐标之间有以下关系：

$$x = x'\cos(-\theta) - y'\sin(-\theta)$$
$$= x'\cos\theta + y'\sin\theta,$$
$$y = x'\sin(-\theta) + y'\cos(-\theta)$$
$$= -x'\sin\theta + y'\cos\theta,$$

或

$$x' = x\cos(-\theta) + y\sin(-\theta)$$
$$= x\cos\theta - y\sin\theta,$$
$$y' = y\cos(-\theta) - x\sin(-\theta)$$
$$= y\cos\theta + x\sin\theta,$$

即坐标轴顺转时，由 x'，y' 求 x，y 的公式是

$$\begin{cases} x = x'\cos\theta + y'\sin\theta, \\ y = -x'\sin\theta + y'\cos\theta. \end{cases} \tag{4-4}$$

由 x、y 求 x'、y' 的公式是

$$\begin{cases} x' = x\cos\theta - y\sin\theta, \\ y' = y\cos\theta + x\sin\theta. \end{cases} \tag{4-5}$$

在坐标轴顺转或逆转公式中，θ 角可以是 $0°\sim180°$ 之间的任意角.

例 4-4 将坐标轴逆转 $\dfrac{\pi}{4}$，求点 $M\left(-\sqrt{2}, \dfrac{\sqrt{2}}{2}\right)$ 在新坐标系中的坐标.

解： 因为 $x = -\sqrt{2}$，$y = \dfrac{\sqrt{2}}{2}$，根据式（4-3）得

$$x' = x\cos\theta + y\sin\theta$$
$$= -\sqrt{2} \times \cos\frac{\pi}{4} + \frac{\sqrt{2}}{2} \times \sin\frac{\pi}{4}$$
$$= -\frac{1}{2},$$
$$y' = y\cos\theta - x\sin\theta$$
$$= \frac{\sqrt{2}}{2} \times \cos\frac{\pi}{4} - (-\sqrt{2}) \times \sin\frac{\pi}{4}$$
$$= \frac{3}{2},$$

所以点 M 在新坐标系中的坐标为 $\left(-\dfrac{1}{2}, \dfrac{3}{2}\right)$.

例 4-5 将坐标轴逆转 $\dfrac{\pi}{3}$，求曲线 $2x^2 - \sqrt{3}xy + y^2 = 10$ 在新坐标系中的方程，并判断这条曲线的类型.

解： 把 $\theta = \dfrac{\pi}{3}$ 代入式（4-2）得

$$\begin{cases} x = x'\cos\dfrac{\pi}{3} - y'\sin\dfrac{\pi}{3}, \\ y = x'\sin\dfrac{\pi}{3} + y'\cos\dfrac{\pi}{3}, \end{cases}$$

即

$$\begin{cases} x = \dfrac{1}{2}x' - \dfrac{\sqrt{3}}{2}y', \\ y = \dfrac{\sqrt{3}}{2}x' + \dfrac{1}{2}y'. \end{cases}$$

代入原方程得新坐标系下的方程为

$$2\left(\frac{1}{2}x'-\frac{\sqrt{3}}{2}y'\right)^2-\sqrt{3}\left(\frac{1}{2}x'-\frac{\sqrt{3}}{2}y'\right)\left(\frac{\sqrt{3}}{2}x'+\frac{1}{2}y'\right)+\left(\frac{\sqrt{3}}{2}x'+\frac{1}{2}y'\right)^2=10,$$

化简得标准方程

$$\frac{x'^2}{20}+\frac{y'^2}{4}=1,$$

所以这条曲线是一个椭圆.

三、坐标变换的应用

在机械加工中，零件图样所标注的尺寸、公差等都有相应的基准，即设计基准. 图样上的基准从数学的角度分析就是坐标系. 但在实际加工中，由于加工和检验的要求需进行两个基准之间的换算，即坐标变换的计算，才能得到加工中实际所需的尺寸.

在工艺计算中，点的坐标轴旋转公式的应用很广泛. 在平面上，凡尺寸关系可以看作两点间的坐标轴旋转关系的，不论在主视图、俯视图还是左视图，都可以应用点的坐标轴旋转公式.

下面以实例来分析如何应用坐标变换公式进行工艺分析计算.

例 4-6 某车间要用数控车床加工如图 4-9 所示的工件，在加工前需知坐标系 xOy 下 A 点的坐标，请按图中尺寸进行计算.

解题思路

从图中标注可以看出，在所给坐标系 xOy 中，点 A 的纵坐标 $y=\frac{30}{2}=15$，所以只要知道图样中椭圆的方程，代入 $y=15$ 就可以求得点 A 的横坐标 x. 但在所给坐标系中，椭圆中心不在坐标系原点，不能直接写出椭圆的方程. 通过观察发现，若建立如图 4-10 所示的坐标系 $x'O'y'$，就可以直接写出椭圆的标准方程，再进行坐标轴的平移，坐标系 xOy 下的椭圆方程可求，则此题可解.

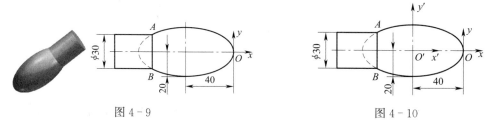

图 4-9　　　　　　　　　　　　图 4-10

解： 做计算图如图 4-10 所示，在坐标系 $x'O'y'$ 中，点 O 的坐标是（40，0），椭圆方程为

$$\frac{(x')^2}{40^2}+\frac{(y')^2}{20^2}=1,$$

那么利用坐标轴平移公式得到椭圆在坐标系 xOy 下的方程为

$$\frac{(x+40)^2}{40^2}+\frac{y^2}{20^2}=1.$$

因为点 A 在坐标系 xOy 下的纵坐标为

$$y=\frac{30}{2}=15,$$

所以有

$$\frac{(x+40)^2}{40^2}+\frac{15^2}{20^2}=1,$$

解得
$$x \approx -66.46 \text{ 或 } x \approx -13.54 \text{（舍）}.$$
因此，加工时 A 点的坐标是（-66.46，15）.

例 4-7 如图 4-11 所示的零件，需要磨削出与定位基准 B 面倾斜成 $60° \pm 5'$ 角的斜面，夹具定位部分和对刀部分的结构如图 4-12 所示. 由于加工表面的位置尺寸 120 ± 0.02 标注在两平面积聚线的交点上，因此在夹具的对刀面上就不能直接标注这个尺寸，需要通过一个辅助测量基准——检验孔 D 才能标注它的位置. 假设此检验孔距定位基准表面 A，B 的距离分别为 40 ± 0.02 和 20 ± 0.02，并选定对刀塞片的厚度为 0.5 mm，试求图示尺寸 $\Delta y'$.

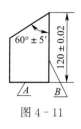

图 4-11

解：设以夹具上相互垂直的两个定位表面 A，B 作原坐标系 xOy 的坐标轴，其坐标轴旋转计算简图如图 4-13 所示. 当原坐标轴顺转 $60°$ 角以后，便形成了新坐标系 $x'Oy'$. 这里有 C，D 两个点需要进行坐标转换计算.

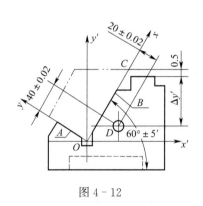

图 4-12

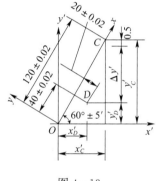

图 4-13

对于工件斜面的交点 C，已知 $x_C = 120$，$y_C = 0$，则
$$\begin{aligned} y'_C &= y_C \cos \theta + x_C \sin \theta \\ &= 0 \times \cos 60° + 120 \times \sin 60° \\ &\approx 103.92. \end{aligned}$$

对于检验孔 D 的孔心坐标，已知 $x_D = 40$，$y_D = -20$，则
$$\begin{aligned} y'_D &= y_D \cos \theta + x_D \sin \theta \\ &= (-20) \times \cos 60° + 40 \times \sin 60° \\ &\approx 24.64. \end{aligned}$$

根据图 4-13 可知
$$\begin{aligned} \Delta y' &= y'_C - y'_D - 0.5 \\ &= 103.92 - 24.64 - 0.5 \\ &= 78.78. \end{aligned}$$

通过上例的分析得出，要运用坐标轴旋转的方法来计算点的坐标时，其一般步骤如下：

（1）分析图样，确定设计或工艺上需要计算的尺寸，明确已知条件和所要解决的问题.

（2）选择坐标原点，并确定要计算的坐标点，这是确定坐标系位置的关键. 为使计算方便，坐标原点应取在已知与待求尺寸有关联和便于测量的点上.

（3）根据两组尺寸线的方向，过坐标原点构成两个直角坐标系 xOy，$x'Oy'$，新、旧坐标系的名称可以任意选定. 通常取工件在旋转后的状态来进行分析和计算.

（4）根据两坐标系选定后的名称（新、旧坐标系）确定转角方向（即逆转或顺转），并按图样上给定的角度来确定转角的大小.

（5）按已知与待求参数和旋转方向，应用相应公式进行计算.

例 4 - 8 某零件如图 4 - 14 所示，在磨好各面及保证了角度 44°±1′后，在坐标镗床上加工定位孔 $\phi20$ mm 和 $\phi22$ mm 镗孔时工件以②面支承，平放在万向转台的圆盘上，用千分表找正①面，使它与机床的 x 轴方向（图中水平方向）平行，先找正镗床主轴轴线，使其与圆盘中心轴线重合，再按坐标值 x_1 与 y_1 移动机床工作台，使主轴到达待加工孔 $\phi20$ mm 的中心位置，即可加工 $\phi20$ mm 孔. 最后沿机床 x 方向移动 140 mm，使主轴到达 $\phi22$ mm 孔的中心位置，镗削出 $\phi22$ mm 孔. 试求加工时 $\phi20$ mm 孔中心对圆盘中心的坐标值 x_1 和 y_1.

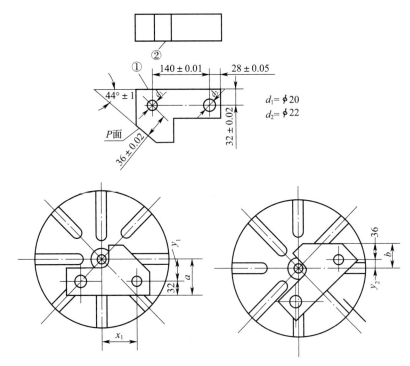

图 4 - 14

解题思路

由图 4 - 14 所示，可知 $\phi20$ mm 孔的位置由尺寸（36±0.02）mm 和（32±0.02）mm 所确定的，因此要根据这两个尺寸来计算镗 $\phi20$ mm 孔时所需的坐标值 x_1 和 y_1，其计算过程如下：在工件装夹找正后，测量出尺寸 a 和 b. 测量方法是在找正工件①面与机床 x 轴方向平行时，测量出①面至圆盘中心的尺寸 $a=50$ mm，然后将圆盘逆时针方向旋转 44°，此时 P 面与机床 x 轴方向平行，测量出 P 面至圆盘中心的尺寸 $b=46$ mm，从尺寸关系可以换算出 $\phi20$ mm 孔中心对圆盘中心的两个坐标值 y_1 和 y_2.

$$y_1 = -|a-32| = -|50-32| = -18 \text{ (mm)},$$
$$y_2 = |b-36| = |46-36| = 10 \text{ (mm)}.$$

解：通过以上分析，以圆盘中心为原点，建立坐标系，如图 4-15 所示，其中 x_1Oy_1 是相对于 x_2Oy_2 逆转 44° 而成的，这样问题就归结成已知 $y_1=-18$，$y_2=10$，$\theta=44°$，求 x_1.

根据式（4-2）得

$$y_2 = x_1\sin\theta + y_1\cos\theta$$

则

$$
\begin{aligned}
x_1 &= \frac{y_2}{\sin\theta} - \frac{y_1\cos\theta}{\sin\theta} \\
&= \frac{y_2}{\sin\theta} - y_1\cot\theta \\
&= \frac{10}{\sin 44°} - (-18)\cot 44° \\
&\approx 33.04\ (\text{mm}).
\end{aligned}
$$

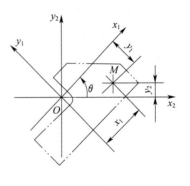

图 4-15

课 后 习 题

1. 把坐标轴逆转 $\dfrac{\pi}{6}$，求点 $M_1(2，-3)$，$M_2(-1，5)$ 在新坐标系下的坐标.

2. 将坐标轴顺转 $\dfrac{\pi}{2}$，求椭圆 $x^2+\dfrac{y^2}{4}=1$ 在新坐标系中的方程.

3. 计算实例引入中小叶片 2～6 上分别与 A，B，C，D 对应的点的坐标.

4. 如图 4-16 所示的零件，要磨削斜面 MN，在正弦规抬起之前，先测得工件表面 M 点至正弦规轴心的垂直距离 $y=116.52$ mm，并预先定好工件上 M 点至轴心 O 的水平方向的距离 $x=46$ mm，加工时将正弦规逆转 40° 角，如图 4-17 所示，试求此时的坐标尺寸 y' 的值.

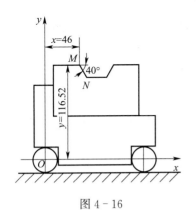

图 4-16

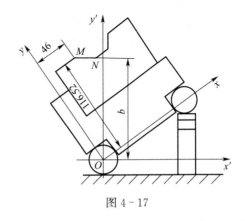

图 4-17

5. 如图 4-18 所示，钻头与工件 $BCDEF$ 的 EF 边以及座盘上 A 点原在同一直线上，要在工件上钻一垂直于 BC 的孔，使孔的中心线与 EF 成 60° 角，并且使中心线恰好通过 P 点. 加工时，把整个工件连同座盘一起绕 A 点按顺时针方向转 60°，然后钻孔. 问：钻头还应向左或向右移动多少距离？

6. 如图 4-19 所示，某工件上有 $\phi10$ mm 和 $\phi20$ mm 两个孔. 为方便加工，需要知道坐标系 $x_2O_2y_2$ 下这两个孔的圆心坐标. 试计算在坐标系 $x_2O_2y_2$ 下 $\phi10$ mm 和 $\phi20$ mm 两个孔的圆心坐标.

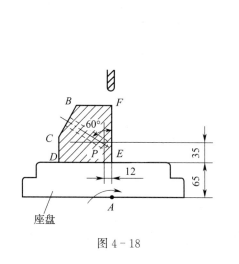

图 4-18

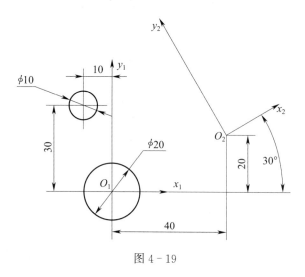

图 4-19

§4-2 参数方程及其应用

一、参数方程的概念

直线和圆锥曲线的方程 $F(x,y)=0$ 都是表示曲线上动点的坐标 x,y 之间的直接关系，统称为曲线的普通方程. 但在有些实际问题中，建立曲线的普通方程比较困难，而借助另一个参数来间接地表示曲线上动点的横、纵坐标之间的关系则比较方便. 先看下面的例子.

引例 如图 4-20 所示，以原点为圆心，分别以 a，$b(a>b)$ 为半径画两个圆. 设大圆的半径 OA 交小圆于点 B，过点 A 作 $AM \perp x$ 轴，垂足为 M；过点 B 作 $BP \perp AM$，垂足为 P. 求半径 OA 绕原点旋转时，动点 P 的轨迹方程.

解：设动点 P 的坐标为 (x,y)，$\angle MOA = \theta$，过点 B 作 $BN \perp x$ 轴，垂足为 N，则

$$x = OM = |OA|\cos\theta = a\cos\theta,$$

$$y = MP = NB = |OB|\sin\theta = b\sin\theta,$$

所以

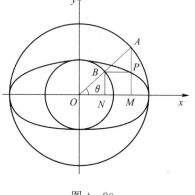

图 4-20

$$\begin{cases} x = a\cos\theta, \\ y = b\sin\theta. \end{cases} \qquad ①$$

当 $0 \leqslant \theta < 2\pi$ 时，根据方程组①可以得到动点 P 的坐标 x 和 y. 因此，方程组①就是动点 P 的轨迹方程，其图形是一个长轴在 x 轴，短轴在 y 轴上的椭圆.

一般来说，在取定的坐标系中，如果曲线上任意一点的坐标 (x, y) 都可以表示为另一个变量 t 的函数

$$\begin{cases} x = f(t), \\ y = g(t), \end{cases} \qquad ②$$

并且对于 t 的每一个允许值，由方程组②确定的点 $P(x, y)$ 都在这条曲线上，则称方程组②是这条曲线的参数方程，联系 x，y 之间关系的变量称为参变量，简称参数. 参数方程中的参数可以是有物理、几何意义的变量，也可以是没有明显意义的变量.

由参数方程的定义知，上述引例中的方程组①就是椭圆的参数方程，其中参数 θ 表示转角的度数. 由于 $a = b$ 时的椭圆就是圆，所以圆的参数方程为

$$\begin{cases} x = a\cos t, \\ y = a\sin t. \end{cases}$$

建立曲线的参数方程，一般是在取定的坐标系中把曲线看成动点 $P(x, y)$ 的轨迹，选取适当的参数 t，然后分别找出 x，y 和 t 的函数关系式.

例 4 - 9　求经过点 $M_0(x_0, y_0)$，倾斜角为 α 的直线 l 的参数方程.

解：设点 $M(x, y)$ 是直线上任意一点，过点 M 作 y 轴的平行线，过点 M_0 作 x 轴的平行线，两直线相交于点 Q，如图 4 - 21 所示.

设 $MM_0 = t$，取 t 为参数.

因为

$$M_0Q = x - x_0,$$
$$QM = y - y_0,$$

所以

$$\begin{cases} x - x_0 = t\cos \alpha, \\ y - y_0 = t\sin \alpha, \end{cases}$$

即

$$\begin{cases} x = x_0 + t\cos \alpha, \\ y = y_0 + t\sin \alpha. \end{cases}$$

这就是所求直线 l 的参数方程.

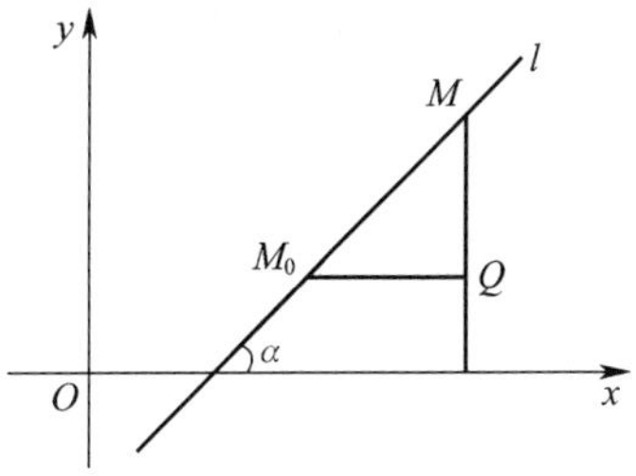

> **· 提示**
>
> 对于同一条曲线，根据所选参变量的不同，其参数方程可以有多种形式. 本书中所谓某曲线的参数方程是指该曲线的一种常见的参数方程形式.

图 4 - 21

二、化参数方程为普通方程

参数方程和普通方程是曲线方程的不同形式，它们都是表示曲线上点的坐标之间关系的. 显然，如果能从曲线的参数方程中消去参数，就可得到曲线的普通方程（注意：并非每一个参数方程都能化为普通方程）.

对于一些简单的参数方程，可用代入法消去参数；对于含有三角函数的参数方程，可利用有关三角函数公式消去参数. 这是化参数方程为普通方程的两种常用方法.

例 4 - 10　化下面参数方程为普通方程，并指明方程所表示的曲线类型和形状：

$$\begin{cases} x = 2t^2, & ① \\ y = 4t. & ② \end{cases}$$

解： 由式②得

$$t = \frac{1}{4}y,$$

代入式①得

$$x = 2\left(\frac{1}{4}y\right)^2,$$

即

$$y^2 = 8x.$$

它表示顶点在原点，对称轴为 x 轴，焦点在 $(2, 0)$，开口向右的抛物线.

例 4 - 11 化下面参数方程为普通方程，并指明方程表示何种曲线：

$$\begin{cases} x = \dfrac{a}{\cos t}, & ① \\ y = b\tan t. & ② \end{cases}$$

解： 由式①得

$$\frac{x}{a} = \frac{1}{\cos t},$$

两边平方得

$$\frac{x^2}{a^2} = \frac{1}{\cos^2 t}, \qquad ③$$

由式②得

$$\frac{y}{b} = \tan t,$$

两边平方得

$$\frac{y^2}{b^2} = \tan^2 t, \qquad ④$$

③－④得

$$\begin{aligned} \frac{x^2}{a^2} - \frac{y^2}{b^2} &= \frac{1}{\cos^2 t} - \frac{\sin^2 t}{\cos^2 t} \\ &= \frac{1 - \sin^2 t}{\cos^2 t} \\ &= \frac{\cos^2 t}{\cos^2 t} \\ &= 1, \end{aligned}$$

即

$$\frac{x^2}{a^2} - \frac{y^2}{b^2} = 1.$$

它表示的曲线是双曲线.

三、渐开线和摆线参数方程

这里简单介绍机械设计和加工过程中常用的两种曲线及其参数方程.

1. 渐开线及其参数方程

在机械传动中，传递动力的齿轮大多采用渐开线作为齿廓线，如图 4 - 22 所示. 这种齿轮具有啮合传动平稳、强度高、磨损少、制造装配较简便等优点. 它的方程用参数方程表示比较方便. 那么什么是圆的渐开线呢?

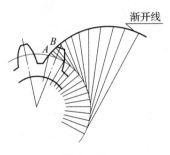

图 4 - 22

如图 4 - 23 所示，把一条没有弹性的绳子绕在一个固定的圆盘的侧面上，将一支笔系在绳子的外端，把绳子拉紧并逐渐展开（这时绳子的拉直部分在每一时刻都与圆保持相切），这样笔尖所画出的曲线，即绳的外端点的轨迹叫作圆的渐开线. 这个圆叫作渐开线的基圆.

下面来推导渐开线的参数方程.

设基圆的圆心为 O，半径为 r，绳子外端的初始位置为 A. 以 O 为原点，直线 OA 为 x 轴，建立直角坐标系，如图 4 - 24 所示.

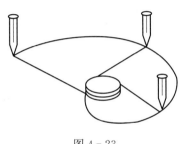

图 4 - 23

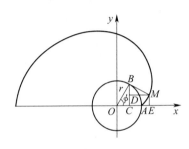

图 4 - 24

设点 $M(x，y)$ 为渐开线上任意一点，BM 是圆的切线，B 为切点，连接 OB，取以 OA 为始边，OB 为终边的正角 $\angle AOB = \phi$ 为参数，由渐开线的定义知

$$MB = \overset{\frown}{AB} = r\phi.$$

作 $ME \perp x$ 轴，$BC \perp x$ 轴，$MD \perp BC$，垂足分别为 $E，C，D$. 则 $\angle MBD = \phi$，于是点 M 的坐标为

$$
\begin{aligned}
x &= OE \\
&= OC + CE \\
&= OC + DM \\
&= OB\cos\phi + BM\sin\phi \\
&= r\cos\phi + r\phi\sin\phi, \\
y &= EM = CD \\
&= CB - DB \\
&= OB\sin\phi - BM\cos\phi \\
&= r\sin\phi - r\phi\cos\phi,
\end{aligned}
$$

所以，渐开线的参数方程为

$$
\begin{cases}
x = r(\cos\phi + \phi\sin\phi), \\
y = r(\sin\phi - \phi\cos\phi).
\end{cases}
$$

2. 摆线及其参数方程

在机械工业中，有的齿轮、齿条的齿廓线是摆线的一部分，如图 4-25 所示. 这样的齿轮、齿条具有传动精度高、耐磨损等优点，广泛应用于精密度要求较高的钟表工业和仪表工业中. 那么什么是摆线呢?

如图 4-26 所示，一个圆沿平面内一条定直线做纯滚动时（无相对滑动），圆周上一个定点所形成的轨迹称为摆线（或旋轮线）.

现在来建立摆线的参数方程.

设圆的半径为 r，取圆上定点 P 落在直线上的一个位置为原点，定直线为 x 轴，圆滚动的方向为 x 轴的正方向，如图 4-27 所示建立直角坐标系.

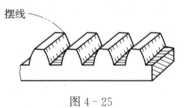

图 4-25

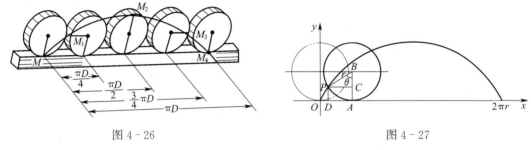

图 4-26   图 4-27

设 $P(x, y)$ 为摆线上的任意一点，这时，滚动圆的圆心移至点 B，圆与 x 轴相切于点 A. 设 $\angle PBA = \theta$ 为参数，则由摆线的定义知

$$OA = \overset{\frown}{PA} = r\theta.$$

过 P 分别作 $PD \perp x$ 轴、$PC \perp AB$，垂足分别为 D，C，则

$$
\begin{aligned}
x &= OD \\
  &= OA - DA \\
  &= OA - PC \\
  &= r\theta - PB\sin\theta \\
  &= r\theta - r\sin\theta, \\
y &= DP \\
  &= AC \\
  &= AB - CB \\
  &= r - PB\cos\theta \\
  &= r - r\cos\theta,
\end{aligned}
$$

所以摆线的参数方程为

$$
\begin{cases}
x = r(\theta - \sin\theta), \\
y = r(1 - \cos\theta).
\end{cases}
$$

当圆滚动一周，即 θ 由 0 变到 2π 时，点 P 描出摆线的第一拱. 圆向前再滚动一周，θ 从 2π 变到 4π，点 P 描出摆线的第二拱. 显然，第二拱的形状与第一拱完全相同. 圆继续向前滚动，可得第三拱、第四拱……圆向后滚动的情况也一样. 可见摆线是由无数段拱形弧组成的，拱宽为 $2\pi r$，拱高为 $2r$.

摆线有一些重要的性质. 例如，物体在重力作用下从点 A 滑落到点 B（无摩擦），物体滑落所需时间最短的路线，不是沿点 A 到点 B 的直线，而是沿从 A 到 B 的一段摆线，如图 4-28 所示. 因此摆线又叫作最速降线.

又如普通单摆的周期与振幅的大小无关. 如果在摆的摆动平面内做两个如图 4-29 所示的摆线形挡板，在挡板的限制下，单摆的周期与振幅的大小无关，这时摆的运动轨迹也是一段摆线. 摆线的名称就是由这个性质得到的.

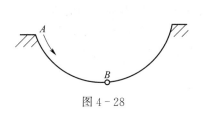

图 4-28

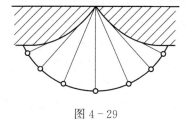

图 4-29

课 后 习 题

1. 把下面参数方程化为普通方程.

（1）$\begin{cases} x = 2 + \cos\theta, \\ y = \sin\theta; \end{cases}$（$\theta$ 为参数）

（2）$\begin{cases} x = 4pt, \\ y = 8pt^2. \end{cases}$（$t$ 为参数）

2. 求圆心在 $(2，3)$、半径为 3 的圆的参数方程（提示：以图 4-30 中角 θ 为参数）.

3. 写出基圆半径为 4 cm 的圆的渐开线的参数方程.

4. 根据所给条件，把下列普通方程化成参数方程：

（1）$xy = a^2$，设 $x = a\tan\phi$，ϕ 是参数；

（2）$\dfrac{x^2}{a^2} - \dfrac{y^2}{b^2} = 1$，$y = b\tan\theta$，$\theta$ 是参数.

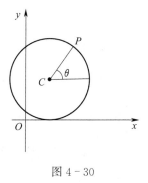

图 4-30

§4-3 极坐标及其应用

一、极坐标的概念

在生产实践中，直角坐标系应用很广泛. 但它并不是用来确定平面内点的位置的唯一方法. 例如，炮兵射击时用方位角和距离来确定目标的位置，凸轮轮廓上点的位置常用转角和这个点到转动中心的距离来表示. 这说明，在有些情况下可以用一个角度和一个距离来确定平面上点的位置.

如图 4-31 所示，在平面上任取一点 O，由 O 点引一条射线 Ox，再确定长度单位和角的正方向（一般取逆时针方向），这样就在平面内建立了一个极坐标系. 点 O 称为极点，射线 Ox 称为极轴.

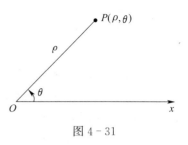

图 4-31

在建立了极坐标系的极坐标平面内，任意一点 P 的位置可以用线段 OP 的长度和以 Ox 为始边、OP 为终边的角度来确定.

设点 P 到极点 O 的距离为 ρ，以 Ox 为始边、OP 为终边的角度为 θ，则称有序数对 $(\rho，\theta)$ 为点 P 的极坐标，记作 $P(\rho，\theta)$. ρ 称为点 P 的极径，θ 称为点 P 的极角.

通常规定：$\rho \geqslant 0$，$-\pi < \theta \leqslant \pi$（或 $0 \leqslant \theta < 2\pi$）. 在此规定下，极坐标平面上的任意一点 P（极点除外）就与它的极坐标 $(\rho，\theta)$ 是一一对应的关系. 特别地，极点的极坐标为 $(0，\theta)$，其中 θ 可以取任意值.

例 4-12 写出图 4-32 所示极坐标平面上点 M，N，P，Q 的极坐标.

解： 因为

$$|OM| = 1，$$

点 M 的极角

$$\theta = 0，$$

所以点 M 的极坐标为

$$(1，0).$$

同理可得

$$N\left(3，\frac{3}{4}\pi\right)，P\left(4，-\frac{\pi}{2}\right)，Q\left(3，-\frac{3}{4}\pi\right).$$

例 4-13 在极坐标平面上，作出极坐标为 $A\left(2，\frac{\pi}{4}\right)$，$B\left(3，\frac{2\pi}{3}\right)$，$C\left(5，-\frac{5\pi}{6}\right)$，$D\left(6，-\frac{\pi}{12}\right)$，$E\left(6，-\frac{\pi}{2}\right)$，$F(4，\pi)$ 的点.

解： 如图 4-33 所示. 过极点 O 作射线 OA，使 OA 与 Ox 成 $\frac{\pi}{4}$ 角；再在射线 OA 上取 A 点，使 $|OA| = 2$，则点 A 即为极坐标为 $\left(2，\frac{\pi}{4}\right)$ 的点.

类似地，可以作出点 B，C，D，E，F.

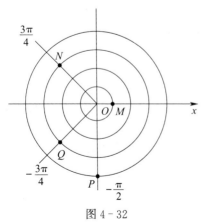

图 4-32

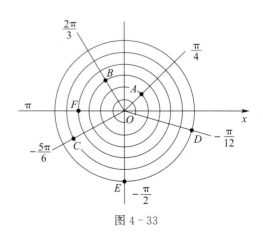

图 4-33

二、曲线的极坐标方程

在直角坐标平面中，曲线可以用关于 x，y 的二元方程 $F(x,y)=0$ 来表示，这种方程称为曲线的直角坐标方程. 同理，在极坐标平面上，曲线也可以用关于 ρ，θ 的二元方程 $G(\rho,\theta)=0$ 来表示，这种方程称为曲线的极坐标方程.

类似于曲线直角坐标方程的求法，可以求出曲线的极坐标方程. 设 $P(\rho,\theta)$ 是曲线上的任意一点，把曲线看作适合某种条件的点的轨迹，根据已知条件，求出 ρ，θ 的关系式，并化简整理得 $G(\rho,\theta)=0$，即为曲线的极坐标方程.

例 4-14 求过点 $A(4，0)$ 且垂直于极轴的直线的极坐标方程.

解： 如图 4-34 所示，在所求直线 l 上任取一点 $P(\rho,\theta)$，连结 OP，则

$$OP = \rho, \quad \angle POA = \theta,$$

在 $\mathrm{Rt}\triangle PAO$ 中，由于

$$\frac{OA}{OP} = \cos\theta,$$

所以

$$\frac{4}{\rho} = \cos\theta,$$

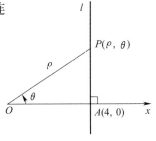

图 4-34

即 $\rho\cos\theta = 4$ 为所求直线的极坐标方程.

三、极坐标与直角坐标的互化

极坐标系和直角坐标系是两种不同的坐标系，同一个点可以用极坐标表示，也可以用直角坐标表示，这两种坐标在一定条件下可以互相转化. 在生产实践中，往往需要将两种坐标互换.

如图 4-35 所示，极坐标系的极点和直角坐标系的原点重合，极轴和 x 轴重合，极坐标系和直角坐标系的长度单位相同. 于是，平面上任意一点 P 的极坐标 (ρ,θ) 和直角坐标 (x,y) 之间具有下列关系：

$$\begin{cases} x = \rho\cos\theta, \\ y = \rho\sin\theta. \end{cases} \qquad ①$$

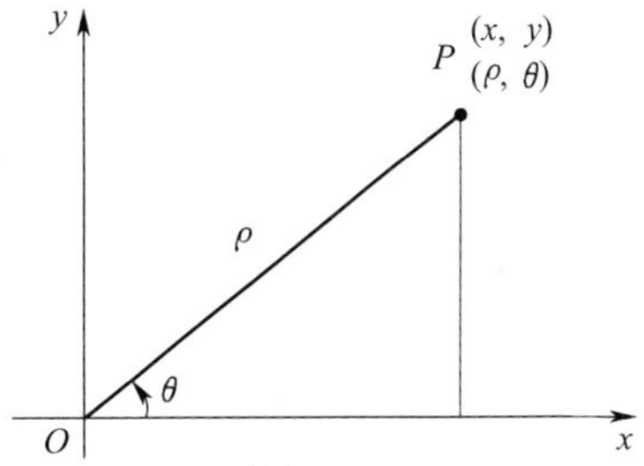

根据式①，又可推导出下列关系式：

图 4-35

$$\begin{cases} \rho = \sqrt{x^2 + y^2}, \\ \tan\theta = \dfrac{y}{x}(x \neq 0). \end{cases} \qquad ②$$

利用式①，可将点的极坐标化为直角坐标；利用式②，可将点的直角坐标化为极坐标. 其中注意：利用 $\tan\theta$ 求 θ 时，要根据点 P 的直角坐标 (x,y) 来确定 θ 所在的象限. 特别地，当 $x=0$ 时，$\tan\theta$ 不存在，这时若 $y>0$，则 $\theta = \dfrac{\pi}{2}$；若 $y<0$，则 $\theta = -\dfrac{\pi}{2}$.

例 4-15 将点 P 的极坐标 $\left(4，\dfrac{5\pi}{6}\right)$ 化为直角坐标.

解：将已知点的极坐标代入式①，得

$$x = \rho\cos\theta = 4\cos\frac{5\pi}{6} = 4 \times \left(-\frac{\sqrt{3}}{2}\right) = -2\sqrt{3},$$

$$y = \rho\sin\theta = 4\sin\frac{5\pi}{6} = 4 \times \frac{1}{2} = 2,$$

所以点 P 的直角坐标为

$$(-2\sqrt{3}, 2).$$

例 4 - 16 把下列各点的直角坐标化为极坐标：

(1) $M(-2, 2)$；   (2) $N(0, -2)$.

解：(1) 将已知点 M 的直角坐标代入式②，得

$$\rho = \sqrt{x^2 + y^2} = \sqrt{(-2)^2 + 2^2} = 2\sqrt{2}.$$

因为

$$x = -2 < 0, \; y = 2 > 0,$$

所以极角 θ 为第二象限角.

因为

$$-\pi < \theta \leqslant \pi,$$

$$\tan\theta = \frac{y}{x} = \frac{2}{-2} = -1,$$

所以极角

$$\theta = \frac{3\pi}{4},$$

所以点 M 的极坐标为

$$\left(2\sqrt{2}, \frac{3\pi}{4}\right).$$

(2) $$\rho = \sqrt{x^2 + y^2} = \sqrt{0^2 + (-2)^2} = 2.$$

因为

$$x = 0, \; y = -2 < 0,$$

所以极角

$$\theta = -\frac{\pi}{2}.$$

所以点 N 的极坐标为

$$\left(2, -\frac{\pi}{2}\right).$$

四、等速螺线

在机械传动过程中，经常需要把旋转运动变成直线运动. 图 4 - 36 所示的凸轮装置就是借助凸轮绕定轴旋转推动从动杆做上下往复直线运动. 如需要从动杆做等速直线运动，凸轮的轮廓线就要用等速螺线（或称阿基米德螺线）.

什么是等速螺线呢？当一个动点沿着一条射线做等速直线运动，同时这条射线又绕着它的端点做等角速旋转运动，那么这个动点的轨迹称为等速螺线.

下面来建立等速螺线的极坐标方程. 如图 4 - 37 所示，设 O 为射线 l 的端点，以 O 为极点，l 的初始位置为极轴，建立极坐标系.

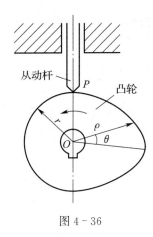

从动杆
P
凸轮
r
ρ
θ
O

图 4-36

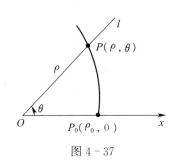

l
$P(\rho, \theta)$
ρ
θ
O
$P_0(\rho_0, 0)$
x

图 4-37

设动点 $P(\rho, \theta)$ 在射线 l 上的初始位置为 $P_0(\rho_0, 0)$，并设动点 P 沿射线 l 做直线运动的速度为 v，射线 l 绕着点 O 做旋转运动的角速度为 ω（以逆时针方向为正方向），则由等速螺线的定义知，经过时间 t，动点 P 的极坐标 (ρ, θ) 满足下列关系式：

$$OP - OP_0 = \rho - \rho_0 = vt,$$
$$\theta = \omega t,$$

即

$$\rho = \rho_0 + vt,$$
$$\theta = \omega t.$$

这样，等速螺线关于时间 t 的参数方程为

$$\begin{cases} \rho = \rho_0 + vt, \\ \theta = \omega t, \end{cases}$$

消去时间参数 t，得

$$\rho = \rho_0 + \frac{v\theta}{\omega}.$$

由于式中 v 和 ω 均为已知常数，不妨令 $\dfrac{v}{\omega} = a\ (a \neq 0)$，则得

$$\rho = \rho_0 + a\theta,$$

这是等速螺线极坐标方程的一般形式.

特别地，当 $\rho_0 = 0$ 时，方程变为

$$\rho = a\theta,$$

它表示一条由极点出发的等速螺线.

五、极坐标与参数方程的应用

在生产实践中有一些比较复杂和特殊的问题，用直角坐标法去确定其运动轨迹会十分烦琐，而用极坐标和参数方程则较易解决. 极坐标和参数方程为人们研究在机械加工中的一些角度和旋转问题，以及确定机械传动中一些较复杂的运动轨迹，提供了一种比较有效的方法. 下面举例来介绍极坐标和参数方程的一些应用.

例 4-17 在数控加工时，要在图 4-38 中各点处加工孔. 若用极坐标方式编程，试求各点的极坐标. 其中，点 P_2，P_3 在 $R40$ mm 圆周上，点 P_1，P_4，P_5，P_8 在 $R35$ mm 圆周上，点 P_6，P_7 在 $R30$ mm 圆周上.

解：在图 4 - 38 的基础上，取点 P_0 为极点，P_0x 为极轴，建立如图 4 - 39 所示的极坐标系. 则由图示及已知条件可得各点的极坐标分别为

$$P_0(0,\ 0),\qquad P_1\left(35,\ \frac{\pi}{9}\right),\qquad P_2\left(40,\ \frac{\pi}{9}\right),$$

$$P_3\left(40,\ \frac{\pi}{3}\right),\qquad P_4\left(35,\ \frac{\pi}{3}\right),\qquad P_5\left(35,\ \frac{5\pi}{18}\right),$$

$$P_6\left(30,\ \frac{5\pi}{18}\right),\qquad P_7\left(30,\ \frac{\pi}{6}\right),\qquad P_8\left(35,\ \frac{\pi}{6}\right).$$

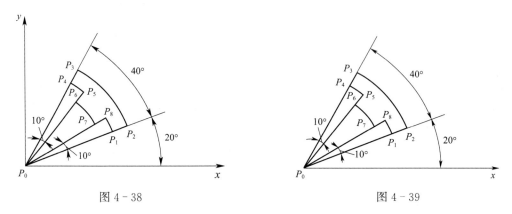

图 4 - 38   图 4 - 39

例 4 - 18 一铣工工件上两个孔 O_1 与 O_2 的标注如图 4 - 40 所示. 如果要加工这两个孔，需要知道它们在直角坐标系下的坐标. 现将坐标系坐标原点建立在孔 O_1 的中心上，如图 4 - 41 所示，试求出孔 O_2 在此坐标系下的坐标.

解题思路

观察图 4 - 40 可以发现，O_2 在以点 O_1 为极点、过 O_1 正方向向右的射线为极轴的极坐标系中，由图示尺寸可知点 O_2 的极坐标为 $\left(30,\ \frac{\pi}{3}\right)$. 而以极点 O_1 为原点、以极轴为 x 轴的直角坐标系就是如图 4 - 41 所示的坐标系，所以可利用本节式①求得 O_2 在此直角坐标系下的坐标.

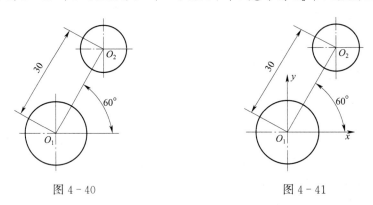

图 4 - 40   图 4 - 41

解：由图 4 - 40，以点 O_1 为极点，水平向右的射线为极轴，建立极坐标系，则点 O_2 的极坐标为

$$\left(30,\ \frac{\pi}{3}\right),$$

所以在图 4 - 41 中有

$$\begin{cases} x = 30\cos 60° = 30 \times \dfrac{1}{2} = 15, \\ y = 30\sin 60° = 30 \times \dfrac{\sqrt{3}}{2} \approx 25.98, \end{cases}$$

即所求孔 O_2 的坐标是

$$(15,\ 25.98).$$

例 4-19 如图 4-42 所示，设计一个盘形凸轮，凸轮依顺时针方向绕轴 O 做匀角速度转动. 开始时，从动杆和轮廓线的接触点为 A，且凸轮基圆半径 $|OA| = 60$ mm. 要求从动杆按照下面的条件运动：

（1）当凸轮的转角 θ 从 0 转到 $\dfrac{5\pi}{6}$ 时，从动杆等速向右运动 60 mm；

（2）当转角 θ 从 $\dfrac{5\pi}{6}$ 转到 $\dfrac{7\pi}{6}$ 时，从动杆等速向左返回 60 mm；

（3）当转角 θ 从 $\dfrac{7\pi}{6}$ 转到 2π 时，从动杆保持不动.

求凸轮轮廓线的极坐标方程.

解：取 O 为极点，射线 OA 为极轴，建立极坐标系，如图 4-43 所示. 可以看出，凸轮轮廓线是由曲线 AM_1B，BM_2C，CM_3A 三部分组成，只要分别求出它们的极坐标方程即可.

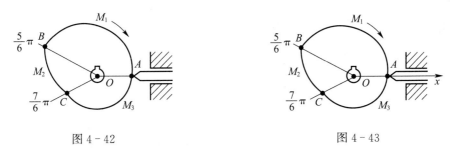

图 4-42   图 4-43

设 $P(\rho,\ \theta)$ 为凸轮轮廓线上任意一点.

由条件（1）可以知道曲线 AM_1B 是等速螺线，设它的极坐标方程为

$$\rho = \rho_0 + a\theta \quad (\rho_0,\ a \text{ 为待定系数}).$$

因为 $A(60,\ 0)$，$B\left(120,\ \dfrac{5\pi}{6}\right)$ 都在曲线上，代入方程，得

$$\begin{cases} 60 = \rho_0 + a \cdot 0, \\ 120 = \rho_0 + a \times \dfrac{5\pi}{6}, \end{cases}$$

解得

$$\begin{cases} \rho_0 = 60, \\ a = \dfrac{72}{\pi}. \end{cases}$$

所以曲线 AM_1B 的极坐标方程为

$$\rho = 60 + \frac{72}{\pi}\theta \left(0 \leqslant \theta \leqslant \frac{5\pi}{6}\right).$$

由条件（2）可以知道曲线 BM_2C 也是等速螺线，设它的极坐标方程为

$$\rho = \rho_1 + a_1\theta \quad (\rho_1,\ a_1 \text{ 为待定系数}).$$

因为 $B\left(120,\ \dfrac{5\pi}{6}\right)$，$C\left(60,\ \dfrac{7\pi}{6}\right)$ 都在此曲线上，所以

$$\begin{cases} 120 = \rho_1 + a_1 \times \dfrac{5\pi}{6}, \\ 60 = \rho_1 + a_1 \times \dfrac{7\pi}{6}, \end{cases}$$

解得

$$\begin{cases} \rho_1 = 270, \\ a_1 = -\dfrac{180}{\pi}. \end{cases}$$

所以曲线 BM_2C 的极坐标方程为

$$\rho = 270 - \frac{180}{\pi}\theta \left(\frac{5\pi}{6} \leqslant \theta \leqslant \frac{7\pi}{6}\right).$$

由条件（3）得曲线 CM_3A 的极坐标方程为

$$\rho = 60 \quad \left(\frac{7\pi}{6} \leqslant \theta \leqslant 2\pi\right).$$

综上，所求凸轮轮廓线的极坐标方程为：

$$\text{曲线 } AM_1B: \rho = 60 + \frac{72}{\pi}\theta \left(0 \leqslant \theta \leqslant \frac{5\pi}{6}\right);$$

$$\text{曲线 } BM_2C: \rho = 270 - \frac{180}{\pi}\theta \left(\frac{5\pi}{6} \leqslant \theta \leqslant \frac{7\pi}{6}\right);$$

$$\text{曲线 } CM_3A: \rho = 60 \left(\frac{7\pi}{6} \leqslant \theta \leqslant 2\pi\right).$$

由等速螺线方程 $\rho = a\theta\ (a \neq 0)$ 可知：ρ 与 θ 成正比. 当 $\theta = 0$ 时，$\rho = 0$，所以螺线由极点开始；当 θ 增大时，ρ 按比例增大，θ 每增大 2π 时，ρ 就相应增大 $2\pi a$. 这说明，动点 P 绕极点 O 每转一圈，就外移 $2\pi a$ 的一段距离. 所以等速螺线是螺旋形状的，并且从极点 O 引出的每一条射线 l 都被螺线截成长度相等的线段（见图 4-44），这是等速螺线的重要性质.

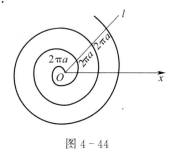

图 4-44

◎专业知识链接

车床三爪自定心卡盘的三个卡爪具有等进性，就是利用等速螺线的这个性质设计的，如图 4-45 所示. 在卡盘的正面有一条等速螺线形的凹槽，当凹槽旋转 θ 角时，三个卡爪就在凹槽内沿着卡盘径向同时伸缩相等的距离，从而保证被加工工件的中心始终位于卡盘的中心线上.

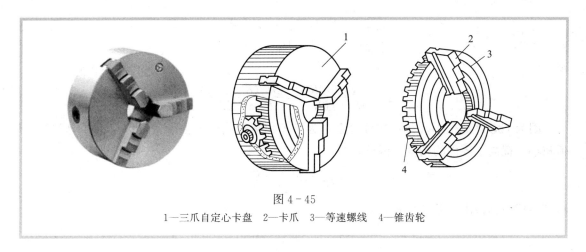

图 4 - 45

1—三爪自定心卡盘　2—卡爪　3—等速螺线　4—锥齿轮

例 4 - 20　某零件如图 4 - 46 所示，六孔沿 ϕ（100 ± 0.05）mm 圆周均匀分布，要保证两孔之间的圆周均布公差为 0.06 mm，求 60°角的公差 $\delta\theta$.

解：以 ϕ（100 ± 0.05）mm 圆的中心为极点，过极点作射线 Ox 为极轴，作极坐标系如图 4 - 47 所示. 极角的基本尺寸计算公式为

$$\theta = \frac{l}{R}.$$

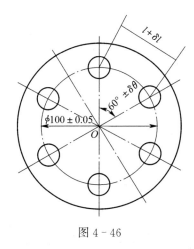

图 4 - 46

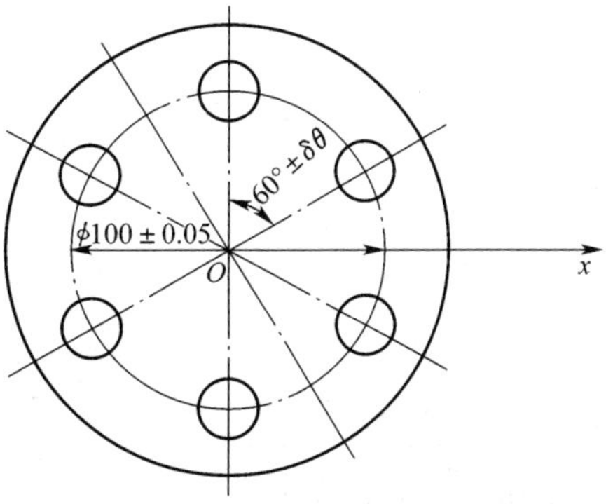

图 4 - 47

误差可用极值法求得，即：

$$l \text{ 最大，} R \text{ 最小时，} \theta \text{ 为最大；}$$
$$l \text{ 最小，} R \text{ 最大时，} \theta \text{ 为最小.}$$

则有

$$\theta_{\max} = \frac{l_{\max}}{R_{\min}},$$

$$\theta_{\min} = \frac{l_{\min}}{R_{\max}},$$

$$\Delta\theta = \theta_{\max} - \theta_{\min} = \frac{l_{\max}}{R_{\min}} - \frac{l_{\min}}{R_{\max}}.$$

由于

$$l_{\max} = l + \delta l, \quad l_{\min} = l - \delta l,$$
$$R_{\max} = R + \delta R, \quad R_{\min} = R - \delta R,$$

则

$$\Delta\theta = \frac{2R\delta l + 2l\delta R}{R^2 - (\delta R)^2} = \frac{2R\ (\delta l + \theta\delta R)}{R^2 - (\delta R)^2}.$$

因为 $(\delta R)^2$ 值很小，并且在分母上，为了简化运算，可省去．分母值增大，得到的 $\Delta\theta$ 值减小，提高了零件的精度．因此可得

$$\Delta\theta = \frac{2\ (\delta l + \theta\delta R)}{R},$$

将其写成对称极限偏差的形式，有

$$\delta\theta = \pm\left(\frac{\delta l + \theta\delta R}{R}\right).$$

根据以上分析，可以求出 60°角的公差.

已知

$$R \pm \delta R = \frac{100}{2} \pm \frac{0.05}{2} = 50 \pm 0.025,$$

$$\delta l = \pm\frac{0.06}{2} = \pm 0.03,$$

$$\theta = 60° = \frac{\pi}{3},$$

则

$$\delta\theta = \pm\left(\frac{\delta l + \theta\delta R}{R}\right)$$

$$= \pm\left(\frac{0.03 + \dfrac{\pi}{3} \times 0.025}{50}\right)$$

$$= \pm 0.001\ 1$$

$$\approx \pm 4'.$$

所以 60°角的公差为 0.001 1.

例 4-21 标准渐开线直齿圆柱齿轮如图 4-48 所示，α_f 为分度圆上的压力角，国家齿轮标准规定 $\alpha_f = 20°$，R_f 为分度圆半径．试求：

(1) 分度圆压力角对应的渐开角 θ_f；

(2) 分度圆半径与基圆半径 r_0 的关系.

解：依据齿轮传动的原理，首先要求渐开线的极坐标参数方程.

如图 4-49 所示，设渐开线与基圆的交点为 A，取基圆圆心为极点，射线 OA 为极轴．设 $M(\rho, \theta)$ 是渐开线上任意一点，作 MB 与基圆 O 相切于 B 点，连接 OB，$\angle AOM = \theta$，$\angle BOM = \alpha$，以 α 为参数.

从 $\mathrm{Rt}\triangle OBM$ 中可得

$$\rho = \frac{r_0}{\cos\alpha}.$$

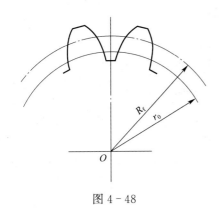

图 4-48

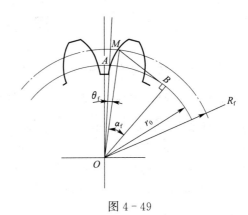

图 4-49

根据渐开线的形成原理，有

$$MB = \overset{\frown}{AB} = r_0(\alpha + \theta).$$

在 Rt$\triangle OBM$ 中

$$MB = r_0 \tan \alpha,$$

则

$$r_0 \tan \alpha = r_0(\alpha + \theta),$$

即 θ 与 α 的关系为

$$\theta = \tan \alpha - \alpha.$$

因此得到渐开线的极坐标参数方程为

$$\begin{cases} \rho = \dfrac{r_0}{\cos \alpha}, \\ \theta = \tan \alpha - \alpha. \end{cases}$$

当 $\alpha = \alpha_f$ 时，$\theta = \theta_f$. 因为

$$\alpha_f = 20° = \frac{\pi}{9},$$

所以

$$\begin{aligned} \theta_f &= \tan \alpha_f - \alpha_f \\ &= \tan \frac{\pi}{9} - \frac{\pi}{9} \\ &\approx 0.363\ 97 - 0.349\ 07 \\ &= 0.014\ 90, \end{aligned}$$

即分度圆压力角对应的渐开角为 0.014 90.

若点 M 在分度圆上，则由 Rt$\triangle OBM$ 可知

$$\begin{aligned} r_0 &= R_f \cos \alpha_f \\ &= R_f \cos 20° \\ &\approx 0.939\ 7 R_f, \end{aligned}$$

这就是分度圆半径与基圆半径的关系.

课 后 习 题

1. 已知点 P 的直角坐标为 $(-\sqrt{3}, 1)$，求它的极坐标.

2. 已知点 P 的极坐标为 $\left(2, -\dfrac{2\pi}{3}\right)$，求它的直角坐标.

3. 把极坐标方程 $\rho = 2\cos\theta$ 化为直角坐标方程.

4. 求圆心在点 $C(r, 0)$、半径为 r 的圆的极坐标方程.

5. 三爪自定心卡盘上的螺纹是等速螺线，如果螺纹上距中心最近的点到中心的距离为 56 mm，两圈螺纹间的距离是 8 mm，写出这条螺纹的方程.

6. 设计一个凸轮，轮廓线如图 4－50 所示，凸轮依顺时针方向绕轴 O 做匀角速度转动. 开始时，从动杆和轮廓线的接触点为 A，且 $|OA| = 60$ mm. 从动杆按照下面的条件运动：

(1) 当凸轮的转角 θ 从 0 转到 $\dfrac{11\pi}{8}$ 时，从动杆等速向右方运动 140 mm；

(2) 当转角 θ 从 $\dfrac{11\pi}{8}$ 转到 2π 时，从动杆等速向左返回原来的位置.

求凸轮轮廓线的极坐标方程.

7. 某零件如图 4－51 所示，六孔沿 $\phi(80\pm0.1)$ mm 圆周均匀分布，求两孔之间的圆周均布公差 δl.

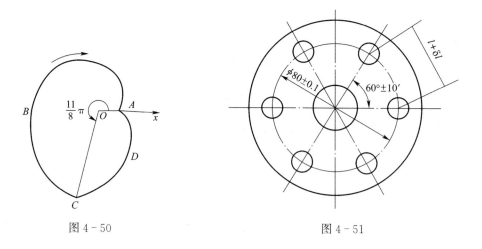

图 4－50

图 4－51

第五章

空间解析几何的应用

生活中几乎所有的物体都具有一定的几何形状，不论外形简单或复杂，形状规矩或怪异，它们都有可见的表面，并且实实在在地占据着一定的空间，因此，就会出现大量有关空间几何体的实际问题. 那能否运用数学手段来处理这些空间几何体的问题呢？

知识框图

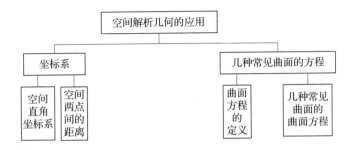

学习目标

1. 理解空间坐标系的意义，培养对三维空间的立体感觉，提高识图能力.
2. 认识实际操作中常见的一些几何体，了解几种常见空间曲面方程.
3. 能应用空间坐标系知识处理专业上简单的实际操作任务.

实例引入

如图 5-1 所示为日常生活中常见的一种半球面监控摄像设备，在制作该半球面玻璃罩模具时需要知道该球面的方程. 如果将坐标原点放在模具左下角的上表面，如图 5-2 所示，请在图样及其标注尺寸下求出该球面玻璃罩的球面方程.

图 5-1

由图 5-2 可知，此例所求的是一个空间曲面的方程，所对应的坐标系由三根坐标轴相交于一点且两两垂直形成，其显然不同于前面章节中所涉及的平面直角坐标系. 对于这样的球面，我们可以用类似于在平面直角坐标系中求圆方程的方法，先根据图示尺寸找出球心坐标 $\left(\dfrac{112}{2}, \dfrac{78}{2}, -8\right)$，球半径 $R=25$，再代入球面方程的一般式 $(x-x_0)^2+(y-y_0)^2+(z-z_0)^2=R^2$，从而得到所需的球面方程.

那为什么球心坐标 $\left(\dfrac{112}{2}, \dfrac{78}{2}, -8\right)$，方程 $(x-x_0)^2+(y-y_0)^2+(z-z_0)^2=R^2$ 能表示球面呢？

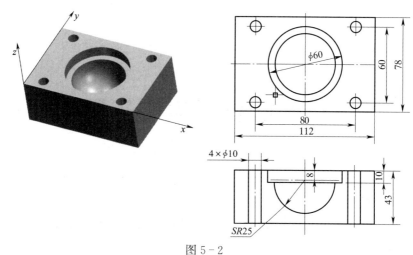

图 5-2

§5-1 坐 标 系

一、空间直角坐标系

在空间中，作三条两两互相垂直且有公共原点的数轴，且各条数轴一般取相同的单位长度，这三条数轴分别叫作 x 轴（横轴）、y 轴（纵轴）、z 轴（竖轴），统称为坐标轴. 各条数轴的正方向通常采用右手法则（见图 5-3）来确定，这样在空间构建起来的坐标体系称为空间直角坐标系（右手系）.

由三条数轴中的任意两条所确定的平面称为坐标平面，如 xOy 平面、yOz 平面、xOz 平面. 这三个坐标平面把空间分为八个部分（见图 5-4）.

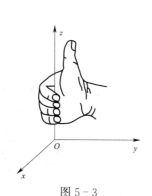

图 5-3

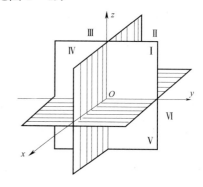

图 5-4

过空间中的一点 M，分别作平行于 yOz，zOx，xOy 坐标平面的三个平面，交 x，y，z 轴于 P，Q，R 三点，这三点在 x 轴、y 轴、z 轴上的坐标依次为 x，y，z. 这组有序的实数称为空间一点 M 的坐标，记作 $M(x，y，z)$（见图 5-5）. x，y，z 分别叫作点 M 的横坐标、纵坐标和竖坐标.

例如，$A(1，0，1)$，$B(0，-1，-6)$ 以及坐标原点 $O(0，0，0)$ 等都是空间点的坐标.

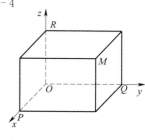

图 5-5

例 5 - 1 如图 5 - 6 所示为某工件的立体图，请以工件左下角为坐标系原点，写出立体图上三个孔上表面圆心的坐标.

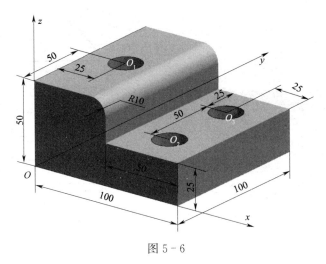

图 5 - 6

解：观察工件图，结合所给坐标系，写出三个孔上表面圆心的坐标如下：

$$O_1 \ (25，50，50)，O_2 \ (75，25，25)，O_3 \ (75，75，25).$$

二、空间两点间的距离

与平面上两点间的距离类似，空间两点 $M_1 \ (x_1，y_1，z_1)，M_2 \ (x_2，y_2，z_2)$ 间的距离为

$$d = |M_1M_2| = \sqrt{(x_2-x_1)^2 + (y_2-y_1)^2 + (z_2-z_1)^2}.$$

例如，点 $A \ (5，0，-2)$ 与点 $B \ (-6，3，-1)$ 之间的距离为

$$|AB| = \sqrt{(-6-5)^2 + (3-0)^2 + (-1+2)^2} = \sqrt{131}.$$

课 后 习 题

1. 在空间坐标面和坐标轴上点的坐标各有什么特点？指出下列各点的位置：

A. $(1，1，0)$ B. $(0，1，1)$

C. $(1，0，0)$ D. $(0，0，1)$

2. 求空间两点 $M_1(1，-2，3)$ 与 $M_2(-4，5，6)$ 间的距离.

3. 某加工企业需要利用数控机床加工一个如图 5 - 7 所示的楔块型零件，请在当前坐标系下写出基点 1 至 8 的坐标值.

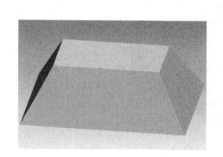

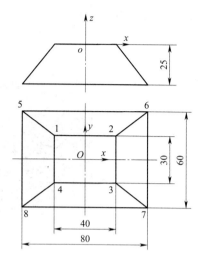

图 5-7

§5-2 几种常见曲面的方程

一、曲面方程的定义

与平面曲线一样, 空间曲面也可看作点的轨迹, 如图 5-8 所示. 如果某曲面 S 上的点与一个三元方程 $F(x, y, z) = 0$ 建立了如下关系:

（1）曲面 S 上点的坐标都是这个方程的解;

（2）以这个方程 $F(x, y, z) = 0$ 的解为坐标的点都在曲面 S 上;

称方程 $F(x, y, z) = 0$ 为曲面 S 的方程, 曲面 S 称为方程 $F(x, y, z) = 0$ 的图形.

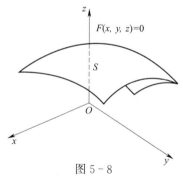

例 5-2 求到点 $A(1, 2, 3)$ 和 $B(2, -1, 4)$ 等距离的点的轨迹方程.

解: 设轨迹上动点为 $M(x, y, z)$, 则 $|MA| = |MB|$, 即

图 5-8

$$\sqrt{(x-1)^2 + (y-2)^2 + (z-3)^2} = \sqrt{(x-2)^2 + (y+1)^2 + (z-4)^2},$$

化简得

$$2x - 6y + 2z - 7 = 0.$$

可见, 该动点轨迹为线段 AB 的垂直平分面, 如图 5-9 所示. 显然, 在此平面上的点的坐标都满足此方程, 不在此平面上的点的坐标不满足此方程.

一般情况下, 任一平面都可以表示为 $ax + by + cz + d = 0$（a, b, c 不同时为零）的形式.

例 5-3 求球心在点 $M_0(x_0, y_0, z_0)$、半径为 R 的球面方程.

解: 设 $M(x, y, z)$ 为球面上任一点, 则 $|M_0M| = R$, 即

$$(x-x_0)^2 + (y-y_0)^2 + (z-z_0)^2 = R^2.$$

特殊地，若球心在原点，则方程为 $x^2+y^2+z^2=R^2$，如图 5-10 所示.

而由此得到的方程 $z=\pm\sqrt{R^2-x^2-y^2}$ 则表示上（下）半球面.

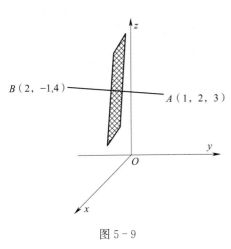

图 5-9

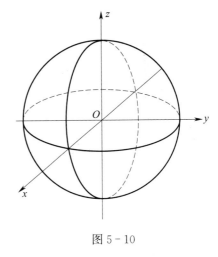

图 5-10

二、几种常见曲面的曲面方程

1. 柱面

设 c 是某坐标平面上一条曲线，过 c 上的每一点作该坐标面的垂线，这些垂线所形成的曲面称为柱面. c 称为柱面的准线，这些垂线称为柱面的母线.

如图 5-11 所示的柱面称为圆柱面，这是因为在 xOy 面上，其准线 c 的方程为圆 $x^2+y^2=R^2$. 设 $M(x, y, z)$ 是柱面上的任一点，过点 M 的母线与 xOy 面的交点一定是在准线 c 上，所以不论点 M 的竖坐标 z 如何，它的横坐标 x 和纵坐标 y 必须满足方程 $x^2+y^2=R^2$，因此圆柱面方程为（以 z 轴为轴）.

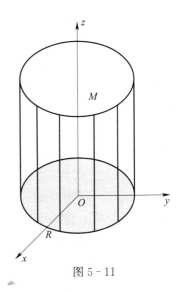

图 5-11

$$x^2+y^2=R^2.$$

同理：以 y 轴为轴，准线方程为 $x^2+z^2=R^2$ 的圆柱面为 $x^2+z^2=R^2$（数控铣床以 x，z 为坐标轴编程加工）.

一般地，如果柱面的准线是 xOy 面上的曲线 c，它的方程为 $F(x, y)=0$. 那么，以 c 为准线、母线垂直于 xOy 面（或平行于 z 轴）的柱面方程就是 $F(x, y)=0$.

类似地，方程 $F(y, z)=0$ 表示以 yOz 面上的曲线 $F(y, z)=0$ 为准线、母线垂直于 yOz 面（或平行于 x 轴）的柱面；方程 $F(x, z)=0$ 表示以 xOz 面上的曲线 $F(x, z)=0$ 为准线、母线垂直于 xOz 面（或平行于 y 轴）的柱面.

例 5-4 柱面方程 $x^2=2y$ 和 $\dfrac{x^2}{a^2}-\dfrac{y^2}{b^2}=1$ 各表示什么曲面？

解：由柱面方程的特点可知，方程 $x^2=2y$ 和 $\dfrac{x^2}{a^2}-\dfrac{y^2}{b^2}=1$ 分别表示准线为 xOy 面上的

曲线 $x^2 = 2y$ 和 $\dfrac{x^2}{a^2} - \dfrac{y^2}{b^2} = 1$ 的抛物柱面（以抛物线为准线形成的柱面）和双曲柱面（以双曲线为准线而形成的柱面），如图 5-12、图 5-13 所示.

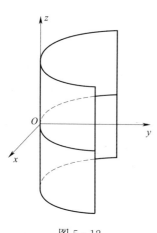

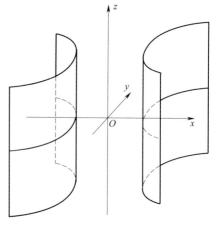

图 5-12

图 5-13

2. 旋转曲面

由空间的一条曲线 c 绕着一条直线 l 旋转而形成的空间曲面称为旋转曲面，直线 l 叫作该旋转曲面的旋转轴或中轴.

定理： yOz 平面上的曲线 c 的方程 $f(y, z) = 0$ 中，如果将其中的 y 改写成 $\pm\sqrt{x^2 + y^2}$，那么该曲线 c 绕 z 轴旋转所形成的旋转曲面的方程为

$$f(\pm\sqrt{x^2 + y^2},\ z) = 0.$$

证明： 如图 5-14 所示，设 $M_1(x_1,\ y_1,\ z_1)$ 为 yOz 坐标平面上的曲线 $c: f(y, z) = 0$ 上的任意一点，那么就有

$$f(y_1,\ z_1) = 0.$$

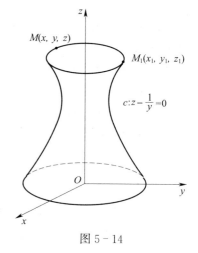

图 5-14

将该曲线 c 绕 z 轴旋转时，点 $M_1(x_1,\ y_1,\ z_1)$ 绕 z 轴旋转至另一点 $M(x,\ y,\ z)$，这时 $z = z_1$ 保持不变，且点 M 到 z 轴的距离 $d = \sqrt{x^2 + y^2}$ 也等于 M_1 到 z 轴的距离 $|y_1|$，即 $\sqrt{x^2 + y^2} = |y_1|$，因此有

$$\begin{cases} z_1 = z, \\ y_1 = \pm\sqrt{x^2 + y^2}. \end{cases}$$

将其代入 $f(y_1,\ z_1) = 0$，即得方程

$$f(\pm\sqrt{x^2 + y^2}, z) = 0,$$

这就是所求旋转曲面的方程.

也就是说，在 yOz 坐标平面上的曲线 c 的方程 $f(y, z) = 0$ 中，只需将 y 改写成 $\pm\sqrt{x^2 + y^2}$，即可得到以 $c: f(y, z) = 0$ 为母线、z 轴为旋转轴的旋转曲面的方程

$$f(\pm\sqrt{x^2+y^2}, z) = 0.$$

推论：在 yOz 坐标平面上的曲线 c 的方程 $f(y, z) = 0$ 中，将 z 改写成 $\pm\sqrt{x^2+z^2}$，即可得到曲线 c 绕 y 轴旋转所成的旋转曲面的方程 $f(y, \pm\sqrt{x^2+z^2}) = 0$.

3. 椭球面

如图 5-15 所示的空间曲面叫作椭球面，其方程为

$$\frac{x^2}{a^2} + \frac{y^2}{b^2} + \frac{z^2}{c^2} = 1.$$

其特点是，用一系列平行于坐标面的平面（称为截面）去截椭球面，其交线是一系列平行于坐标平面的椭圆，而且椭圆离坐标平面越远，它的长轴和短轴就越短，最后缩为一点.

4. 椭圆抛物面

如图 5-16 所示的空间曲面称为椭圆抛物面，其方程为

$$z = \frac{x^2}{2p} + \frac{y^2}{2q}.$$

其特点是，若用一系列平行于坐标面 xOy 的平面去截椭圆抛物面，则其交线是一系列平行于坐标平面 xOy 的椭圆，椭圆离 xOy 面越近，它的长轴和短轴就越短，最后缩成为一点，即坐标原点 $O(0，0，0)$；若用一系列平行于坐标面 yOz 或 zOx 的平面去截椭圆抛物面，则其交线是一系列平行于相应坐标平面的抛物线，而且当 $p = q$ 时，即为旋转抛物面.

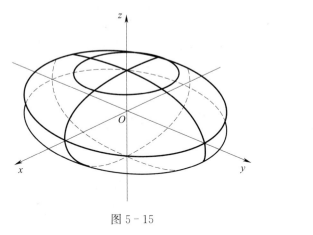

图 5-15

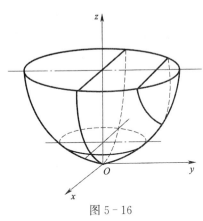

图 5-16

例 5-5 求 yOz 面上的抛物线 $y^2 = 2pz(p>0)$ 绕 z 轴旋转而成的旋转抛物面.

解：将方程中 y^2 改写成 x^2+y^2，即得所求的旋转抛物面方程 $x^2+y^2 = 2pz(p>0)$，如图 5-17 所示.

例 5-6 试建立顶点在原点，旋转轴为 z 轴，半顶角为 α 的圆锥面方程，如图 5-18 所示.

解：在 yOz 面上直线 l 的方程为 $z = y\cot\alpha$，绕 Z 轴旋转时，所求的圆锥面方程为

$$z = \pm\sqrt{x^2+y^2}\cot\alpha.$$

令 $a = \cot\alpha$，等式两边平方得

$$z^2 = a^2(x^2+y^2).$$

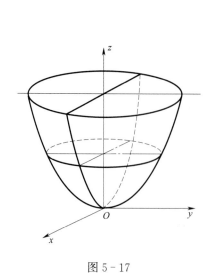

图 5 - 17

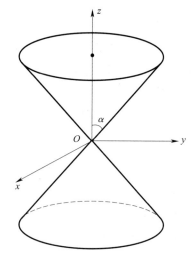

图 5 - 18

课 后 习 题

1. 建立以点 $(-6, 3, -2)$ 为球心且过原点的球面方程.

2. 下列方程各表示什么曲面?

(1) $x^2 + y^2 + z^2 - 2x = 0$;   (2) $x^2 + y^2 = 2x$;   (3) $x^2 + z^2 = 1$.

3. yOz 面上的曲线 $y^2 = z$ 绕 z 轴旋转一周, 求旋转而成的曲面的方程.

4. 试说出生活中与柱面、球面、圆锥面、椭球面以及椭圆抛物面相符合的实物例证.

5. 完成本章实例引入, 写出半球面监控摄像设备球面玻璃罩在所设置坐标系下的球面方程.

第六章

导数的应用

导数在高等数学中占有重要的地位，是微分学的基础，在理论上和实践中都有着广泛的应用．例如，数控编程的节点坐标计算在很多时候需要用到导数的概念和计算，再如，在生产加工零件时经常涉及曲率这个概念．本章主要介绍利用导数求曲率的方法，为解决实际有关问题打下坚实的数学理论基础．

知识框图

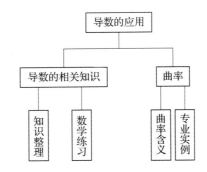

学习目标

1. 理解极限和导数的概念，理解导数的几何意义；能应用求导公式及导数运算法则求函数的导数．

2. 了解曲率半径、曲率概念，并能应用曲率处理相关实际问题．

3. 通过导数的学习，培养抽象思维能力、全面分析问题能力，并能用导数的知识解决一些现实问题．

§6-1 导数的相关知识

导数是微分学的基本概念，最初是从寻找曲线的切线以及确定变速运动的瞬时速度而产生的．它在理论上和实践中有着广泛的应用．现将其主要相关知识回顾如下：

极限	对于函数 $y = f(x)$，如果当自变量 $x \to x_0$（或 $x \to \infty$）时，函数 $y = f(x)$ 能无限地趋近于一个确定的常数 A，则称当 $x \to x_0$（或 $x \to \infty$）时，函数 $f(x)$ 以 A 为极限，或 $f(x)$ 的极限存在，记作 $\lim\limits_{x \to x_0} f(x) = A$（或 $\lim\limits_{x \to \infty} f(x) = A$），否则称当 $x \to x_0$（或 $x \to \infty$）时，$f(x)$ 的极限不存在

导数	设函数 $y=f(x)$ 的自变量由 x 变化到 $x+\Delta x$，相应的函数值由 $f(x)$ 变化到 $f(x+\Delta x)$（其中，Δx 称为自变量 x 的增量，$\Delta y=f(x+\Delta x)-f(x)$ 称为函数值 y 的增量），如果极限 $\lim\limits_{\Delta x \to 0} \dfrac{f(x+\Delta x)-f(x)}{\Delta x}$ 存在，则称这个极限为函数 $y=f(x)$ 在点 x 处的导数，记作 $\dfrac{dy}{dx}$，简记为 y' 或 $f'(x)$ 或 $\dfrac{df(x)}{dx}$，即 $f'(x)=\lim\limits_{\Delta x \to 0}\dfrac{\Delta y}{\Delta x}=\lim\limits_{\Delta x \to 0}\dfrac{f(x+\Delta x)-f(x)}{\Delta x}$．此时，我们说函数 $y=f(x)$ 在 x 处可导；如果极限不存在，则称函数 $y=f(x)$ 在 x 处不可导
几何意义	函数 $y=f(x)$ 在点 x 处的导数为 $f'(x)$，就等于该曲线 $y=f(x)$ 在点 $P(x_0，y_0)$ 切线的斜率 $k_{切}=f'(x_0)$
复合函数	设函数 $y=f(u)$，$u=\phi(x)$，若 x 在某一区间上取值时，与其对应的 $u=\phi(x)$ 能使得函数 $y=f(u)$ 有意义，则称 y 是 x 的复合函数．记作 $y=f[\phi(x)]$，其中 u 叫作中间变量

• 提示

函数 $y=f(x)$ 在点 x 处的导数实质上就是函数在某一点的变化率，在不同的领域中，它们都有各自的专业名称：

在电工学中，通过导体横截面的电量 Q 是时间 t 的函数（$Q=Q(t)$），它在时刻 t 处的导数 $\dfrac{dQ}{dt}=\dfrac{d}{dt}Q(t)$ 就是电流 I，即电量对于时间的变化率．

在运动学中，质点运动的位移 s 是时间 t 的函数（$s=s(t)$），它在时刻 t 处的导数 $\dfrac{ds}{dt}=\dfrac{d}{dt}s(t)$ 就是瞬时速度 v，即位移对于时间的变化率．

质点运动的速度 v 是时间 t 的函数（$v=v(t)$），它在时刻 t 处的导数 $\dfrac{dv}{dt}=\dfrac{d}{dt}v(t)$ 就是瞬时加速度 a，即速度对于时间的变化率．

导数基本公式	常数函数	$C'=0$（C 为常数）
	幂函数	$(x^a)'=ax^{a-1}$（a 为实数）
	指数函数	$(a^x)'=a^x\ln a$ $(e^x)'=e^x$

导数基本公式	对数函数	$(\log_a x)' = \dfrac{1}{x\ln a}$	$(\ln x)' = \dfrac{1}{x}$
	三角函数	$(\sin x)' = \cos x$ $(\tan x)' = \sec^2 x$ $(\sec x)' = \sec x\tan x$	$(\cos x)' = -\sin x$ $(\cot x)' = -\csc^2 x$ $(\csc x)' = -\csc x\cot x$
	反三角函数	$(\arcsin x)' = \dfrac{1}{\sqrt{1-x^2}}$ $(\arctan x)' = \dfrac{1}{1+x^2}$	$(\arccos x)' = -\dfrac{1}{\sqrt{1-x^2}}$ $(\text{arccot } x)' = -\dfrac{1}{1+x^2}$

运算法则	$$(u \pm v)' = u' \pm v'$$ 两个可导函数的代数和的导数等于这两个函数的导数的代数和
	$$(Cu)' = Cu' \ (C \text{ 为常数})$$ 常数与可导函数积的导数，等于这个常数乘以该函数的导数
	$$(uv)' = u'v + uv'$$ 两个可导函数积的导数，等于第一个函数的导数乘以第二个函数，加上第一个函数乘以第二个函数的导数
	$$\left(\frac{u}{v}\right)' = \frac{u'v - uv'}{v^2} \ (v \neq 0)$$ 两个可导函数商的导数，等于分子的导数乘以分母减去分子乘以分母的导数，再除以分母的平方
复合函数求导法则	如果函数 $u = \varphi(x)$ 在某一点 x 处有导数 $u'_x = \varphi'(x)$，函数 $y = f(u)$ 在对应点 u 处有导数 $y'_u = f'(u)$，那么复合函数 $y = f[\varphi(x)]$ 在该点 x 处也有导数，并且等于导数 $f'(u)$ 与导数 $\varphi'(x)$ 的乘积，即 $f'_x[\varphi(x)] = f'(u)\varphi'(x)$ 或 $y'_x = y'_u u'_x$ 或 $\dfrac{\mathrm{d}y}{\mathrm{d}x} = \dfrac{\mathrm{d}y}{\mathrm{d}u} \cdot \dfrac{\mathrm{d}u}{\mathrm{d}x}$
二阶导数	函数 $y = f(x)$ 在任意一点 x 处的导数 $y' = f'(x)$ 称为函数的一阶导数（简称一阶导数），若 $y = f(x)$ 的一阶导数 $y' = f'(x)$ 仍然是 x 的可导函数，则 $y' = f'(x)$ 的导数就称为函数 $y = f(x)$ 的二阶导数，记作 y'' 或 $\dfrac{\mathrm{d}^2 y}{\mathrm{d}x^2}$ 或 $f''(x)$

例 6 - 1 根据导数的定义，求函数 $y = x^2$ 的导数.

解：(1) 设自变量 x 的增量为 Δx ，则

$$\Delta y = f(x + \Delta x) - f(x) = (x + \Delta x)^2 - x^2 = 2x\Delta x + (\Delta x)^2.$$

(2) 计算

$$\frac{\Delta y}{\Delta x} = 2x + \Delta x.$$

(3) 求极限

$$\lim_{\Delta x \to 0} \frac{\Delta y}{\Delta x} = \lim_{\Delta x \to 0} (2x + \Delta x) = 2x.$$

所以

$$y' = (x^2)' = 2x.$$

例 6 - 2 求正弦函数 $y = \sin x$ 在点 $\left(\dfrac{\pi}{6}, \dfrac{1}{2}\right)$ 处的切线方程.

解：因为 $y = \sin x$ 的导数为 $y' = \cos x$ ，所以由导数的几何意义

$$k_{\text{切}} = y'|_{x=\frac{\pi}{6}} = \cos x|_{x=\frac{\pi}{6}} = \cos \frac{\pi}{6} = \frac{\sqrt{3}}{2},$$

代入点斜式方程，即得所求的切线方程为

$$y - \frac{1}{2} = \frac{\sqrt{3}}{2}\left(x - \frac{\pi}{6}\right).$$

例 6 - 3 求下列各函数的导数：

(1) $f(x) = 2\sqrt{x}$；　　(2) $f(x) = x^5 - 2x^3 + 5x - \sin\dfrac{\pi}{3}$；

(3) $y = x^3 \sin x$；　　(4) $y = \dfrac{e^x}{x+1}$.

解：(1) $f'(x) = (2x^{\frac{1}{2}})' = 2 \times \dfrac{1}{2} x^{\frac{1}{2}-1} = x^{-\frac{1}{2}} = \dfrac{1}{\sqrt{x}}$.

(2) $f'(x) = (x^5)' - (2x^3)' + (5x)' - \left(\sin\dfrac{\pi}{3}\right)' = 5x^4 - 6x^2 + 5$.

(3) $y' = (x^3)'\sin x + x^3(\sin x)' = 3x^2 \sin x + x^3 \cos x$.

(4) $y' = \left(\dfrac{e^x}{x+1}\right)' = \dfrac{(e^x)'(x+1) - e^x(x+1)'}{(x+1)^2} = \dfrac{e^x(x+1) - e^x}{(x+1)^2} = \dfrac{xe^x}{(x+1)^2}$.

例 6 - 4 已知函数 $f(x) = 2^x$ ，求 $f'(0)$.

解：因为

$$f'(x) = (2^x)' = 2^x \ln 2,$$

所以

$$f'(0) = 2^0 \ln 2 = \ln 2.$$

例 6 - 5 试求函数 $y = \ln \cos x$ 的导数.

解：因为

$$y = \ln u, \ u = \cos x,$$

所以

$$y'_x = y'_u u'_x = (\ln u)'(\cos x)' = \frac{1}{u}(-\sin x) = -\frac{\sin x}{\cos x} = -\tan x.$$

例 6 - 6 求函数 $y = (x^3 - 1)^2$ 的二阶导数.

解：因为

$$y = u^2, \ u(x) = x^3 - 1,$$

所以

$$y' = \left[(x^3 - 1)^2 \right]' = 2(x^3 - 1) \times 3x^2 = 6(x^5 - x^2),$$

所以

$$y'' = (y')' = 6(5x^4 - 2x) = 30x^4 - 12x.$$

课 后 习 题

1. 求曲线 $y = \ln x$ 在点 $x = 1$ 处的切线方程.

2. 通过某导体的电量 Q（单位：C）与时间 t（单位：s）的关系是 $Q = 2t^2 + 3t$，求 $t = 5$ s 时的电流.

3. 已知挂在一弹簧下端的物体的运动方程为 $s = A\sin(\omega t + \phi)$（$A$，$\omega$，$\phi$ 是常数），求物体运动的速度和加速度.

4. 求下列各函数的导数：

(1) $y = \dfrac{1}{x + \sin x}$；　　　(2) $y = 3x^4 - \dfrac{1}{x^2} + \cos x$；　　　(3) $y = \dfrac{(\sqrt{x} - 1)^2}{x}$；

(4) $y = x^3 \log_2 x$；　　　(5) $y = x^2(\ln x + \sqrt{x})$；　　　(6) $y = x^2 \sec x$；

(7) $y = (2x + 1)^{100}$；　　　(8) $y = e^{2x} \sin 3x$；　　　(9) $y = 3\cos \dfrac{x}{2} + e^{3x}$；

(10) $y = \sin^2(x + 1)$.

5. 求下列函数的二阶导数：

(1) $y = 6x^2 - 3x + \dfrac{\sqrt{2}}{2}$；　　　(2) $y = 2\sin 3x$；　　　(3) $y = e^{5x}$.

§6 - 2　导数的应用——曲率

通过专业课程的学习，我们知道在磨削加工图 6 - 1 所示内表面为抛物线形的工件时，需要较精确地保证工件的形状，使工件的内表面与砂轮接触点附近的部分不被磨削过量，即要求磨削抛物线工件任一点处砂轮的最大匹配半径为 R．由于在抛物线形工件不同点处的弯曲程度可能不同，因此，还要从中选取最小值 $R_0 = \min \{R\}$（这个最小值就是磨削工件的整个内表面时所要选定的砂轮的最大匹配半径），并相应地确定出这个砂轮磨削工件时的中心位置．

事实上，根据相关的理论知识，对于图 6 - 2 所示的任一曲线 $y = f(x)$，在其任意点 $M(x, y)$ 处所用砂轮的最大匹配半径 R 为

$$R = \left| \frac{(1 + y'^2)^{3/2}}{y''} \right|,$$

与之相对应的砂轮的中心坐标 $D(\alpha, \beta)$ 为

$$\begin{cases} \alpha = x - \dfrac{y'(1+y'^2)}{y''}, \\ \beta = y + \dfrac{1+y'^2}{y''}. \end{cases}$$

以上两公式中的 y' 和 y'' 分别表示曲线 $y = f(x)$ 的一阶导数和二阶导数.

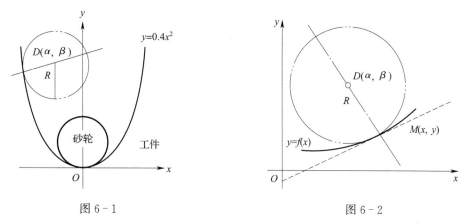

图 6-1   图 6-2

通常，我们把 R 称为曲线 $y = f(x)$ 在点 $M(x, y)$ 处的曲率半径；把 $\dfrac{1}{R}$ 称为曲线 $y = f(x)$ 在点 $M(x, y)$ 处的曲率；把 $D(\alpha, \beta)$ 称为曲线 $y = f(x)$ 在点 $M(x, y)$ 处的曲率中心；把以曲线 $y = f(x)$ 在点 $M(x, y)$ 处的曲率中心 $D(\alpha, \beta)$ 为圆心、曲率半径 R 为半径的圆称为曲线 $y = f(x)$ 在点 $M(x, y)$ 处的曲率圆.

显然，曲线 $y = f(x)$ 在点 $M(x, y)$ 处的曲率越大，即曲率半径越小，曲线 $y = f(x)$ 在点 $M(x, y)$ 处的弯曲程度越大.

一般地，在曲线 $y = f(x)$ 上的不同点处，曲线弧的弯曲程度也有可能不同，我们用曲率来衡量曲线在任意点 $M(x, y)$ 处的弯曲程度.

如果曲线 $y = f(x)$ 的曲率半径的最小值 $R_0 = \min \{R\}$ 在点 $M_0(x_0, y_0)$ 处取得，即曲线 $y = f(x)$ 在点 $M_0(x_0, y_0)$ 处的曲率最大，那么与磨削这种线型工件所匹配的砂轮的半径就是该曲线 $y = f(x)$ 在点 $M_0(x_0, y_0)$ 处的曲率半径

$$R_0 = \left| \frac{(1+y'^2)^{3/2}}{y''} \right|_{(x_0, y_0)},$$

此时，磨削工件的砂轮的中心位置坐标 $D(\alpha, \beta)$ 为

$$\begin{cases} \alpha = \left[x - \dfrac{y'(1+y'^2)}{y''} \right]\Big|_{(x_0, y_0)}, \\ \beta = \left[y + \dfrac{1+y'^2}{y''} \right]\Big|_{(x_0, y_0)}. \end{cases}$$

例 6-7　如图 6-1 所示，已知某工件的内表面截线为抛物线 $y = 0.4x^2$，现在要用砂轮磨削其内表面，试问需要选用半径为多大的砂轮与之匹配比较适宜？同时确定磨削工件时砂轮的中心位置（单位：cm）.

解：由上述结论可知，所要选用的砂轮半径就是所给抛物线上所有点处曲率半径的最小值.

因为 $y = 0.4x^2$，$y' = 0.8x$，$y'' = 0.8$，所以内表面为抛物线形的工件上任意点处的曲

率半径即为磨削该点处所用砂轮的最大匹配半径，即

$$R = \frac{(1+0.64x^2)^{\frac{3}{2}}}{0.8}.$$

显然，当 $x=0$ 时，$y=0$，R 最小，即

$$R_0 = \min\{R\} = \left| \frac{(1+0.64x^2)^{\frac{3}{2}}}{0.8} \right|_{x=0} = 1.25.$$

因此，须选用半径为 1.25 cm 的砂轮来磨削工件。此时，$y'=0.8x|_{x=0}=0$，$y''=0.8$，相应地得到砂轮的中心坐标 $D(\alpha,\beta)$ 为

$$\begin{cases} \alpha = x - \dfrac{y'(1+y'^2)}{y''} = 0 - \dfrac{0\times(1+0^2)}{0.8} = 0, \\ \beta = y + \dfrac{1+y'^2}{y''} = 0 + \dfrac{1+0^2}{0.8} = 1.25. \end{cases}$$

具体如图 6-3 所示。

例 6-8 用圆柱形铣刀加工一个弧长不大的椭圆形工件。该段弧的中点为椭圆长轴的顶点，该椭圆的方程为 $\dfrac{x^2}{40^2}+\dfrac{y^2}{50^2}=1$，选多大直径的铣刀时可得到较好的近似效果？（单位为 mm）

解： 将椭圆方程 $\dfrac{x^2}{40^2}+\dfrac{y^2}{50^2}=1$ 变形为

$$y = \frac{5}{4}\sqrt{1\,600-x^2} = \frac{5}{4}(1\,600-x^2)^{\frac{1}{2}},$$

所以

$$y' = -\frac{5}{4}x(1\,600-x^2)^{-\frac{1}{2}},$$

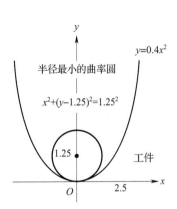

图 6-3

$$y'|_{x=0} = 0,$$

$$y'' = -\frac{5}{4}(1\,600-x^2)^{-\frac{1}{2}} - \frac{5}{4}x^2(1\,600-x^2)^{-\frac{3}{2}},$$

$$y''|_{x=0} = -\frac{1}{32}.$$

又因为

$$R_0 = \left| \frac{(1+y'^2)^{\frac{3}{2}}}{y''} \right|_{(x_0,y_0)},$$

所以

$$R_0 = 32 \text{ mm}.$$

即应该用直径为 64 mm 的圆柱形铣刀加工，可得到较好的近似效果。

例 6-9 抛物线 $y=ax^2+bx+c$ 在哪点处的曲率最大？

解： 将 $y'=2ax+b$，$y''=2a$ 代入曲率公式，得

$$\frac{1}{R} = \frac{|2a|}{[1+(2ax+b)^2]^{\frac{3}{2}}}.$$

由于 $\dfrac{1}{R}$ 的分子是常数，所以当 $[1+(2ax+b)^2]^{\frac{3}{2}}$ 最小时，$\dfrac{1}{R}$ 最大。显然，当 $2ax+$

$b=0$ 时，$[1+(2ax+b)^2]^{\frac{3}{2}}$ 最小，即 $x=-\dfrac{b}{2a}$ 时，$\dfrac{1}{R}$ 有最大 $|2a|$．此时所求的点为 $\left(-\dfrac{b}{2a},\ \dfrac{4ac-b^2}{4a}\right)$，这正好是抛物线的顶点坐标，所以抛物线在顶点处的曲率最大．

课 后 习 题

1. 求下列曲线在指定点处的曲率：

(1) $y=4x-x^2$ 在其顶点处；　　　(2) $y=\sin x$ 在 $\left(\dfrac{\pi}{2},\ 1\right)$ 处．

2. 求曲线 $y=ax^3(a>0)$ 在点 $(0,\ 0)$ 及点 $(1,\ a)$ 处的曲率．

3. 计算双曲线 $xy=1$ 在点 $(1,\ 2)$ 处的曲率．

4. 椭圆 $\begin{cases} x=a\cos t, \\ y=b\sin t, \end{cases}$（$t$ 为参数，$0\leqslant t\leqslant 2\pi$）在何处的曲率最大？

附：公式一览表

一、指数和对数

<table>
<tr><td rowspan="2">指数</td><td>法则</td><td>(1) $a^m a^n = a^{m+n}$ $\dfrac{a^m}{a^n} = a^{m-n}$ (2) $(a^m)^n = a^{mn}$

(3) $(ab)^n = a^n b^n$ $\left(\dfrac{a}{b}\right)^n = \dfrac{a^n}{b^n}$ ($m,\ n \in \mathbf{R}$, $a > 0$, $b > 0$)</td></tr>
<tr><td>公式</td><td>(1) $a^0 = 1$ ($a \neq 0$)   (2) $a^{-n} = \dfrac{1}{a^n}$ ($a \neq 0$, $n \in \mathbf{N}_+$)

(3) $a^{\frac{m}{n}} = \sqrt[n]{a^m}$ (4) $a^{-\frac{m}{n}} = \dfrac{1}{\sqrt[n]{a^m}}$ ($a > 0$, $m,\ n \in \mathbf{N}_+, n > 1$)</td></tr>
<tr><td rowspan="3">对数</td><td>性质</td><td>(1) $N > 0$ (零和负数没有对数)   (2) $\log_a a = 1$ (底的对数等于1)

(3) $\log_a 1 = 0$ (1的对数等于0)   (4) $a^{\log_a N} = N$ (对数恒等式)</td></tr>
<tr><td>法则</td><td>(1) $\log_a(MN) = \log_a M + \log_a N$ (2) $\log_a\left(\dfrac{M}{N}\right) = \log_a M - \log_a N$

(3) $\log_a M^p = p\log_a M$ ($a > 0$ 且 $a \neq 1$, $M > 0$, $N > 0$, $p \in \mathbf{R}$)</td></tr>
<tr><td>公式</td><td>(1) $a^b = N \Leftrightarrow \log_a N = b$ (2) $\log_a N = \dfrac{\log_b N}{\log_b a} = \begin{cases} \dfrac{\lg N}{\lg a} & (b = 10) \\[2mm] \dfrac{\ln N}{\ln a} & (b = \mathrm{e}) \end{cases}$ (3) $\log_a b = \dfrac{1}{\log_b a}$

(4) $\log_{a^m} b^n = \dfrac{n}{m}\log_a b$ ($N > 0$, $a > 0$, $a \neq 1$, $b > 0$, $b \neq 1$, $m \neq 0$, $n \neq 0$)</td></tr>
</table>

二、幂函数、指数函数、对数函数的图像、性质

<table>
<tr><td>名称</td><td>图　像</td><td>主要性质</td></tr>
<tr><td>幂函数
$y = x^a$ ($a \in \mathbf{R}, a \neq 0$)</td><td>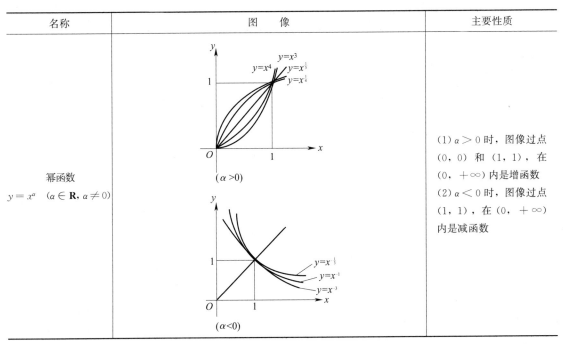</td><td>(1) $a > 0$ 时，图像过点 $(0, 0)$ 和 $(1, 1)$，在 $(0, +\infty)$ 内是增函数
(2) $a < 0$ 时，图像过点 $(1, 1)$，在 $(0, +\infty)$ 内是减函数</td></tr>
</table>

名称	图　　像	主要性质
指数函数 $y=a^x(a>0, a\neq 1)$		(1) $x\in\mathbf{R}$，$y>0$ (2) 图像过点（0，1） (3) $a>1$ 时，是增函数，$0<a<1$ 时，是减函数
对数函数 $y=\log_a x(a>0, a\neq 1)$		(1) $x>0$，$y\in\mathbf{R}$ (2) 图像过点（1，0） (3) $a>1$ 时，是增函数，$0<a<1$ 时，是减函数

三、三角函数

1. 正弦定理和余弦定理

直角三角形中锐角的三角函数	$\sin A=\dfrac{对边}{斜边}$，$\cos A=\dfrac{邻边}{斜边}$，$\tan A=\dfrac{对边}{邻边}$
正弦定理	$\dfrac{a}{\sin A}=\dfrac{b}{\sin B}=\dfrac{c}{\sin C}=2R$ （三角形中，各边和它所对角的正弦的比相等，且等于外接圆半径的二倍）
余弦定理	$a^2=b^2+c^2-2bc\cos A$　　　　　　$\cos A=\dfrac{b^2+c^2-a^2}{2bc}$ $b^2=a^2+c^2-2ac\cos B$　变形为　$\cos B=\dfrac{a^2+c^2-b^2}{2ac}$ $c^2=a^2+b^2-2ab\cos C$　　　　　　$\cos C=\dfrac{a^2+b^2-c^2}{2ab}$ （三角形任何一边的平方等于另两边的平方和减去这两边与它们夹角余弦的乘积的二倍）

2. 度与弧度的换算

弧长公式	$l = \alpha r$ （α以弧度为单位）	
扇形面积公式	$S = \dfrac{1}{2}lr$	
度与弧度的换算	$360° = 2\pi$ rad	$180° = \pi$ rad
	$1° = \dfrac{\pi}{180}$ rad $\approx 0.017\ 45$ rad	1 rad $= \left(\dfrac{180}{\pi}\right)° \approx 57.3° = 57°18'$

3. 同角三角函数的基本关系式

平方关系	(1) $\sin^2\alpha + \cos^2\alpha = 1$	(2) $1 + \tan^2\alpha = \sec^2\alpha$	(3) $1 + \cot^2\alpha = \csc^2\alpha$
商数关系	(1) $\tan\alpha = \dfrac{\sin\alpha}{\cos\alpha}$	(2) $\cot\alpha = \dfrac{\cos\alpha}{\sin\alpha}$	
倒数关系	(1) $\sin\alpha\csc\alpha = 1$	(2) $\cos\alpha\sec\alpha = 1$	(3) $\tan\alpha\cot\alpha = 1$

4. 诱导公式

角	角度制	弧度制
$-\alpha$ （公式一）	$\sin(-\alpha) = -\sin\alpha$ $\cos(-\alpha) = \cos\alpha$ $\tan(-\alpha) = -\tan\alpha$	$\sin(-\alpha) = -\sin\alpha$ $\cos(-\alpha) = \cos\alpha$ $\tan(-\alpha) = -\tan\alpha$
$k \cdot 360° + \alpha / 2k\pi + \alpha$ $(k \in \mathbf{Z})$ （公式二）	$\sin(k \cdot 360° + \alpha) = \sin\alpha$ $\cos(k \cdot 360° + \alpha) = \cos\alpha$ $\tan(k \cdot 360° + \alpha) = \tan\alpha$	$\sin(2k\pi + \alpha) = \sin\alpha$ $\cos(2k\pi + \alpha) = \cos\alpha$ $\tan(2k\pi + \alpha) = \tan\alpha$
$180° - \alpha / \pi - \alpha$ （公式三）	$\sin(180° - \alpha) = \sin\alpha$ $\cos(180° - \alpha) = -\cos\alpha$ $\tan(180° - \alpha) = -\tan\alpha$	$\sin(\pi - \alpha) = \sin\alpha$ $\cos(\pi - \alpha) = -\cos\alpha$ $\tan(\pi - \alpha) = -\tan\alpha$
$180° + \alpha / \pi + \alpha$ （公式四）	$\sin(180° + \alpha) = -\sin\alpha$ $\cos(180° + \alpha) = -\cos\alpha$ $\tan(180° + \alpha) = \tan\alpha$	$\sin(\pi + \alpha) = -\sin\alpha$ $\cos(\pi + \alpha) = -\cos\alpha$ $\tan(\pi + \alpha) = \tan\alpha$

角	角度制	弧度制
$360°-\alpha/2\pi-\alpha$ （公式五）	$\sin(360°-\alpha)=-\sin\alpha$ $\cos(360°-\alpha)=\cos\alpha$ $\tan(360°-\alpha)=-\tan\alpha$	$\sin(2\pi-\alpha)=-\sin\alpha$ $\cos(2\pi-\alpha)=\cos\alpha$ $\tan(2\pi-\alpha)=-\tan\alpha$
$90°-\alpha/\dfrac{\pi}{2}-\alpha$ （公式六）	$\sin(90°-\alpha)=\cos\alpha$ $\cos(90°-\alpha)=\sin\alpha$ $\tan(90°-\alpha)=\dfrac{1}{\tan\alpha}$	$\sin\left(\dfrac{\pi}{2}-\alpha\right)=\cos\alpha$ $\cos\left(\dfrac{\pi}{2}-\alpha\right)=\sin\alpha$ $\tan\left(\dfrac{\pi}{2}-\alpha\right)=\dfrac{1}{\tan\alpha}$
$90°+\alpha/\dfrac{\pi}{2}+\alpha$ （公式七）	$\sin(90°+\alpha)=\cos\alpha$ $\cos(90°+\alpha)=-\sin\alpha$ $\tan(90°+\alpha)=-\dfrac{1}{\tan\alpha}$	$\sin\left(\dfrac{\pi}{2}+\alpha\right)=\cos\alpha$ $\cos\left(\dfrac{\pi}{2}+\alpha\right)=-\sin\alpha$ $\tan\left(\dfrac{\pi}{2}+\alpha\right)=-\dfrac{1}{\tan\alpha}$
$270°-\alpha/\dfrac{3\pi}{2}-\alpha$ （公式八）	$\sin(270°-\alpha)=-\cos\alpha$ $\cos(270°-\alpha)=-\sin\alpha$ $\tan(270°-\alpha)=\dfrac{1}{\tan\alpha}$	$\sin\left(\dfrac{3\pi}{2}-\alpha\right)=-\cos\alpha$ $\cos\left(\dfrac{3\pi}{2}-\alpha\right)=-\sin\alpha$ $\tan\left(\dfrac{3\pi}{2}-\alpha\right)=\dfrac{1}{\tan\alpha}$
$270°+\alpha/\dfrac{3\pi}{2}+\alpha$ （公式九）	$\sin(270°+\alpha)=-\cos\alpha$ $\cos(270°+\alpha)=\sin\alpha$ $\tan(270°+\alpha)=-\dfrac{1}{\tan\alpha}$	$\sin\left(\dfrac{3\pi}{2}+\alpha\right)=-\cos\alpha$ $\cos\left(\dfrac{3\pi}{2}+\alpha\right)=\sin\alpha$ $\tan\left(\dfrac{3\pi}{2}+\alpha\right)=-\dfrac{1}{\tan\alpha}$

口诀：奇变偶不变，符号看象限

注：公式中正切函数的角 $\alpha\neq k\pi+\dfrac{\pi}{2}$，$k\in\mathbf{Z}$.

5. 两角和与差的三角函数

两角和与差公式	$\sin(\alpha\pm\beta)=\sin\alpha\cos\beta\pm\cos\alpha\sin\beta$ $\cos(\alpha\pm\beta)=\cos\alpha\cos\beta\mp\sin\alpha\sin\beta$ $\tan(\alpha\pm\beta)=\dfrac{\tan\alpha\pm\tan\beta}{1\mp\tan\alpha\tan\beta}$　$\left(\alpha\neq k\pi+\dfrac{\pi}{2},\ k\in\mathbf{Z}\right)$

二倍角公式	$$\sin 2\alpha = 2\sin \alpha\cos \alpha$$ $$\cos 2\alpha = \cos^2 \alpha - \sin^2 \alpha = 2\cos^2 \alpha - 1 = 1 - 2\sin^2 \alpha \Rightarrow \begin{cases} \sin^2 \alpha = \dfrac{1 - \cos 2\alpha}{2} \\ \cos^2 \alpha = \dfrac{1 + \cos 2\alpha}{2} \end{cases}$$ $$\tan 2\alpha = \frac{2\tan \alpha}{1 - \tan^2 \alpha}$$
三倍角公式	$$\sin 3\alpha = 3\sin \alpha - 4\sin^3 \alpha$$ $$\cos 3\alpha = 4\cos^3 \alpha - 3\cos \alpha$$
半角公式	$$\sin \frac{\alpha}{2} = \pm\sqrt{\frac{1 - \cos \alpha}{2}} \quad \cos \frac{\alpha}{2} = \pm\sqrt{\frac{1 + \cos \alpha}{2}}$$ $$\tan \frac{\alpha}{2} = \pm\sqrt{\frac{1 - \cos \alpha}{1 + \cos \alpha}} = \frac{1 - \cos \alpha}{\sin \alpha} = \frac{\sin \alpha}{1 + \cos \alpha}$$
万能公式	$$\sin \alpha = \frac{2\tan \frac{\alpha}{2}}{1 + \tan^2 \frac{\alpha}{2}} \quad \cos \alpha = \frac{1 - \tan^2 \frac{\alpha}{2}}{1 + \tan^2 \frac{\alpha}{2}} \quad \tan \alpha = \frac{2\tan \frac{\alpha}{2}}{1 - \tan^2 \frac{\alpha}{2}}$$
积化和差公式	$$\sin \alpha\cos \beta = \frac{1}{2}\left[\sin(\alpha+\beta) + \sin(\alpha-\beta)\right] \quad \cos \alpha\sin \beta = \frac{1}{2}\left[\sin(\alpha+\beta) - \sin(\alpha-\beta)\right]$$ $$\cos \alpha\cos \beta = \frac{1}{2}\left[\cos(\alpha+\beta) + \cos(\alpha-\beta)\right] \quad \sin \alpha\sin \beta = -\frac{1}{2}\left[\cos(\alpha+\beta) - \cos(\alpha-\beta)\right]$$
和差化积公式	$$\sin \theta + \sin \phi = 2\sin \frac{\theta+\phi}{2}\cos \frac{\theta-\phi}{2} \qquad \sin \theta - \sin \phi = 2\cos \frac{\theta+\phi}{2}\sin \frac{\theta-\phi}{2}$$ $$\cos \theta + \cos \phi = 2\cos \frac{\theta+\phi}{2}\cos \frac{\theta-\phi}{2} \qquad \cos \theta - \cos \phi = -2\sin \frac{\theta+\phi}{2}\sin \frac{\theta-\phi}{2}$$
其他公式	$$a\sin \alpha + b\cos \alpha = \sqrt{a^2+b^2}\sin(\alpha+\phi)$$ 其中 ϕ 的值由 $\tan \phi = \dfrac{b}{a}$ 及 a，b 符号确定，且 $\cos \phi = \dfrac{a}{\sqrt{a^2+b^2}}$，$\sin \phi = \dfrac{b}{\sqrt{a^2+b^2}}$

6. 三角函数的图像和性质

函数	$y = \sin x$	$y = \cos x$	$y = \tan x$
图像			
定义域	$\mathbf{R}$	$\mathbf{R}$	$\left\{ x \mid x \neq \dfrac{\pi}{2} + k\pi, k \in \mathbf{Z} \right\}$
值域	$[-1, 1]$ 当 $x = \dfrac{\pi}{2} + 2k\pi$ 时，$y_{\max} = 1$； 当 $x = -\dfrac{\pi}{2} + 2k\pi$ 时，$y_{\min} = -1$ $(k \in \mathbf{Z})$	$[-1, 1]$ 当 $x = 2k\pi$ 时，$y_{\max} = 1$； 当 $x = (2k+1)\pi$ 时，$y_{\min} = -1$ $(k \in \mathbf{Z})$	$\mathbf{R}$ 无最大值、最小值
周期性	2π	2π	π
奇偶性	奇函数	偶函数	奇函数
单调性	在 $\left[-\dfrac{\pi}{2} + 2k\pi, \dfrac{\pi}{2} + 2k\pi\right]$ 上是增函数，在 $\left[\dfrac{\pi}{2} + 2k\pi, \dfrac{3\pi}{2} + 2k\pi\right]$ 上是减函数 $(k \in \mathbf{Z})$	在 $[(2k-1)\pi, 2k\pi]$ 上是增函数，在 $[2k\pi, (2k+1)\pi]$ 上是减函数 $(k \in \mathbf{Z})$	在 $\left(k\pi - \dfrac{\pi}{2}, k\pi + \dfrac{\pi}{2}\right)$ 上是增函数 $(k \in \mathbf{Z})$
有界性	有界	有界	无界

7. 正弦型函数 $y = A\sin(\omega x + \phi)$ 的图像变换

名称	操作方法
周期变换	把 $y = \sin x$ 的图像上所有点的横坐标伸长（$0 < \omega < 1$ 时）或缩短（$\omega > 1$ 时）到原来的 $\dfrac{1}{\omega}$ 倍（纵坐标不变）得到 $y = \sin \omega x$
相位变换	把 $y = \sin \omega x$ 的图像上所有点向左（$\phi > 0$ 时）或向右（$\phi < 0$ 时）平移 $\dfrac{\lvert \phi \rvert}{\omega}$ 个单位得到 $y = \sin(\omega x + \phi)$
振幅变换	把 $y = \sin(\omega x + \phi)$ 的图像上所有点的纵坐标伸长（$A > 1$ 时）或缩短（$0 < A < 1$ 时）到原来的 A 倍（横坐标不变）得到 $y = A\sin(\omega x + \phi)$

8. 反三角函数图像性质

名称	图　　像	主要性质
反正弦函数 $y = \arcsin x$		(1) 定义域 $[-1, 1]$，值域 $\left[-\dfrac{\pi}{2}, \dfrac{\pi}{2}\right]$ (2) 奇函数 (3) 单调增函数
反余弦函数 $y = \arccos x$		(1) 定义域 $[-1, 1]$，值域 $[0, \pi]$ (2) 单调减函数
反正切函数 $y = \arctan x$		(1) 定义域 $(-\infty, +\infty)$，值域 $\left(-\dfrac{\pi}{2}, \dfrac{\pi}{2}\right)$ (2) 奇函数 (3) 单调增函数

四、直线

直线斜率	(1) $k = \tan \alpha$(α 为直线向上方向与 x 轴正半轴方向的夹角，$\alpha \neq 90°$)　　(2) $k = \dfrac{y_2 - y_1}{x_2 - x_1}$ ($x_2 \neq x_1$)

直线方程		(1) 点斜式 $y - y_0 = k(x - x_0)$　(k 存在)
		(2) 斜截式 $y = kx + b$　（k 存在）
		(3) 两点式 $\dfrac{y - y_1}{y_2 - y_1} = \dfrac{x - x_1}{x_2 - x_1}$　（$x_2 \neq x_1$，$y_2 \neq y_1$）
		(4) 截距式 $\dfrac{x}{a} + \dfrac{y}{b} = 1$　（a，b 都存在且不为零）
		(5) 一般式 $Ax + By + C = 0$　（A，B 不同时为零）
直线位置关系	平行	$l_1 \parallel l_2 \Leftrightarrow k_1 = k_2$（$k$ 存在，$b_1 \neq b_2$）或 $\dfrac{A_1}{A_2} = \dfrac{B_1}{B_2} \neq \dfrac{C_1}{C_2}$
	相交	l_1，l_2 相交 $\Leftrightarrow k_1 \neq k_2$ 或 $A_1 B_2 - A_2 B_1 \neq 0$
	重合	$k_1 = k_2$，$b_1 = b_2$ 或 $\dfrac{A_1}{A_2} = \dfrac{B_1}{B_2} = \dfrac{C_1}{C_2}$
	垂直	$l_1 \perp l_2 \Leftrightarrow k_1 k_2 = -1$ 或 $A_1 A_2 + B_1 B_2 = 0$
	夹角公式	(1) $\tan \theta = \left\| \dfrac{k_2 - k_1}{1 + k_2 k_1} \right\|$　（$k_1 k_2 \neq -1$） (2) $\cos \theta = \dfrac{\|A_1 A_2 + B_1 B_2\|}{\sqrt{A_1^2 + B_1^2}\ \sqrt{A_2^2 + B_2^2}}$
直线的距离公式	两点间的距离	$d = \sqrt{(x_2 - x_1)^2 + (y_2 - y_1)^2}$
	点到直线的距离	$d = \dfrac{\|Ax_0 + By_0 + C\|}{\sqrt{A^2 + B^2}}$　（点 $(x_0，y_0)$，直线 $Ax + By + C = 0$）
	两平行线间的距离	$d = \dfrac{\|C_2 - C_1\|}{\sqrt{A^2 + B^2}}$　（$l_1 : Ax + By + C_1 = 0$，$l_2 : Ax + By + C_2 = 0$）

五、曲线

1. 二次曲线

名称	圆	椭圆	双曲线	抛物线
条件	到一定点的距离为常数	到两定点距离之和为常数	到两定点的距离之差的绝对值为常数	到一定点和一定直线的距离相等
标准方程	$(x-a)^2+(y-b)^2=r^2$	$\dfrac{x^2}{a^2}+\dfrac{y^2}{b^2}=1\,(a>b>0)$ （焦点在 x 轴）	$\dfrac{x^2}{a^2}-\dfrac{y^2}{b^2}=1\,(a>0,\,b>0)$ （焦点在 x 轴）	$y^2=2px\,(p>0)$ （焦点在 x 轴正半轴）
图形				
顶点		$A(\pm a,0)$ $B(0,\pm b)$	$A(\pm a,0)$	$O(0,0)$
对称轴		x 轴：长轴长 $2a$ y 轴：长轴长 $2b$	x 轴：实轴长 $2a$ y 轴：虚轴长 $2b$	x 轴
焦点		$F(\pm c,0)$ $a^2-b^2=c^2$	$F(\pm c,0)$ $c^2-a^2=b^2$	$F\left(\dfrac{p}{2},0\right)$
离心率		$0<e<1$	$e>1$	$e=1$
准线		$x=\pm\dfrac{a^2}{c}$	$x=\pm\dfrac{a^2}{c}$	$x=-\dfrac{p}{2}$
渐近线			$y=\pm\dfrac{b}{a}x$	
参数方程	$\begin{cases}x=a+r\cos\theta\\y=b+r\sin\theta\end{cases}$（$\theta$ 为参数，r 为半径，(a,b) 为圆心）	$\begin{cases}x=a\cos\theta\\y=b\sin\theta\end{cases}$（$\theta$ 为参数）	$\begin{cases}x=a\dfrac{1}{\cos t}\\y=b\tan t\end{cases}$（$t$ 为参数）	$\begin{cases}x=\dfrac{1}{2p}t^2\\y=t\end{cases}$（$t$ 为参数）

2. 坐标变换

坐标平移	旧坐标为 (x, y)，新坐标为 (x', y')，新坐标原点在旧坐标系中的坐标为 (h, k)，则 $$\begin{cases} x' = x - h \\ y' = y - k \end{cases} \text{或} \begin{cases} x = x' + h \\ y = y' + k \end{cases}$$
坐标旋转	旧坐标为 (x, y)，新坐标为 (x', y')，坐标系逆时针旋转角度 θ $$\begin{cases} x' = x\cos\theta + y\sin\theta \\ y' = y\cos\theta - x\sin\theta \end{cases} \text{或} \begin{cases} x = x'\cos\theta - y'\sin\theta \\ y = x'\sin\theta + y'\cos\theta \end{cases}$$ 旧坐标为 (x, y)，新坐标为 (x', y')，坐标系顺时针旋转角度 θ $$\begin{cases} x' = x\cos\theta - y\sin\theta \\ y' = y\cos\theta + x\sin\theta \end{cases} \text{或} \begin{cases} x = x'\cos\theta + y'\sin\theta \\ y = -x'\sin\theta + y'\cos\theta \end{cases}$$

3. 特殊曲线方程

渐开线	$$\begin{cases} x = r(\cos\phi + \phi\sin\phi) \\ y = r(\sin\phi - \phi\cos\phi) \end{cases}$$
摆线	$$\begin{cases} x = r(\theta - \sin\theta) \\ y = r(1 - \cos\theta) \end{cases}$$
等速螺线	$\rho = \rho_0 + a\theta$（特别地，$\rho_0 = 0$ 时，方程变为 $\rho = a\theta$）

六、导数

导数	$f'(x) = \lim\limits_{\Delta x \to 0} \dfrac{\Delta y}{\Delta x} = \lim\limits_{\Delta x \to 0} \dfrac{f(x + \Delta x) - f(x)}{\Delta x}$
公式	(1) $C' = 0$
	(2) $(x^a)' = \alpha x^{\alpha-1}$
	(3) $(a^x)' = a^x \ln a$ $(a > 0, a \neq 1)$，$(\mathrm{e}^x)' = \mathrm{e}^x$
	(4) $(\log_a x)' = \dfrac{1}{x\ln a}$，$(\ln x)' = \dfrac{1}{x}$
	(5) $(\sin x)' = \cos x$ $\quad (\cos x)' = -\sin x$ $\quad (\tan x)' = \sec^2 x$ $(\cot x)' = -\csc^2 x$ $\quad (\sec x)' = \sec x\tan x$ $\quad (\csc x)' = -\csc x\cot x$

公式	(6) $(\arcsin x)' = \dfrac{1}{\sqrt{1-x^2}}$ $(\arccos x)' = -\dfrac{1}{\sqrt{1-x^2}}$ $(\arctan x)' = \dfrac{1}{1+x^2}$ $(\operatorname{arccot} x)' = -\dfrac{1}{1+x^2}$
四则运算	(1) $(u \pm v)' = u' \pm v'$ (2) $(uv)' = u'v + uv'$ (3) $\left(\dfrac{u}{v}\right)' = \dfrac{u'v - uv'}{v^2}$ $(v \neq 0)$
复合函数的导数	$y'_x = y'_u u'_x$
曲率半径	$R = \left\| \dfrac{(1+y'^2)^{3/2}}{y''} \right\|$